海關投考全攻略

投考

全攻略

Customs Entry Manual

修訂版

目錄

Part 03　應試必備攻略

Part 04　關員福利與常見問題

Q1：　海關關長以及其他首長級人員的姓名？

Q2：　投考海關「關員」，是否必須要是香港特別行政區永久性居民？

Q3：　視力測試於何時進行？

Q4：　投考海關「關員」的身高及體重之最低要求是多少？

Q5：　投考海關「關員」是否有設年齡的限制嗎？

目錄

別章：海關——助理貿易管制主任

乘風破浪　振翅高飛

　　肩負保護市民、維護法紀重任的香港海關，在每次進行招聘「關員」之時，均吸引不少新一代投考人競逐，如要獲得理想的「海關關員」職位以及發展機會，投考人應要對香港海關運作有深入的瞭解。更重要的是，釐清個人志向，以訂立長遠的事業計劃，並且珍惜每一次遴選面試之機會，作出最高度的準備，方可突圍而出。

　　其實遴選面試就是一場「考官」與「投考人」的攻防戰，「投考人」在試場上不斷向「考官」進攻，務求表現、推銷自己，爭取受聘。而「考官」則在整過遴選面試過程之中，施展渾身解數，將「投考人」的囂張氣焰打下去；從而考驗「投考人」是否合符成為香港海關的素質。如果在這場戰爭之中，預先瞭解香港海關的招聘方式、用人策略，擬定好戰術才出擊，令自己在面試時，成為「考官」認定最適合的聘用人選，成功定必隨之而來。

本《投考海關全攻略》羅列香港海關對投考人的要求、遴選程序及規則。除此之外，亦走訪了前香港海關的高級官員，透視考官聘請「關員」的各種要求，考官眼中的面試致勝關鍵以及死穴；亦採訪成功入職「海關」成為「關員」的過來人，分享他們如何吸引考官垂青的經驗及秘訣。正好讓讀者能夠窺視香港海關對投考人的期望和甄選的準則，為投考「海關」成為「關員」作好準備。

與此同時，本書整合了投考「海關關員」所需要的各種資料，對於有志投身「海關」成為「關員」的考生，具有高度的參考價值。並為投考人，提供面試智慧以及機遇；進一步完善面試的策略，尋求更大的突破。

最後，祝願讀者終能乘風破浪、振翅高飛，走向人生新的里程，加入香港海關的大家庭。

香港科技專上書院

紀律部隊 毅進文憑課程

導師 Mark Sir

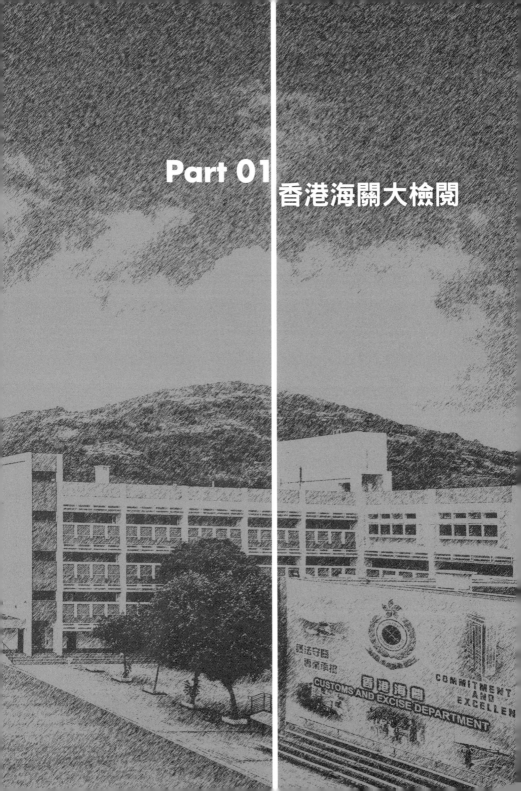

Part 01
香港海關大檢閱

認識香港海關

　　香港海關的前身是負責監管酒稅之軍裝隊伍，原稱為「緝私隊」，於1909年9月17日成立，並且隸屬於「出入口管理處」。

　　當時「緝私隊」是由5名歐籍緝私員以及20名中國籍搜查員所組成的小規模部隊。經過百多年的發展，香港海關由只是負責監管酒稅的「稅吏」（古時一般人對海關的看法），蛻變成為全球其中一支最具效率、備受世界尊崇的海關機構。

　　香港海關現時隸屬於保安局的其中一支紀律部隊，擁有5,909多名人員，其中包括有9位首長級海關人員，4,784多名海關部隊人員，480名貿易管制處人員，以及636名一般職系文職人員。

　　在過去一百多年的歲月裡，香港海關不斷與時並進，為香港把關，勇敢地面對來自四方八面不斷湧現的新挑戰和困難。執行反走私和緝毒工作，對於維持香港作為國際港口和貿易中心的地位，擔當重要角色。香港海關亦致力保護知識產權、保障公共收入和消費者權益，為香港各行各業提供寶貴的服務。

　　而在香港海關的發展歷史中的每一個里程碑，均代表著不同年代的海關人員如何隨著香港社會的不斷發展和經濟的變遷而作出的貢獻。

香港海關的「期望、使命及信念」

我們的期望

　　我們是一個先進和前瞻的海關組織，為社會的穩定及繁榮作出貢獻。我們以信心行動，以禮貌服務，以優異為目標。

使命

◎保護香港特別行政區以防止走私

◎保障和徵收應課稅品稅款

◎偵緝和防止販毒及濫用毒品

◎保障知識產權

◎保障消費者權益

◎保障和便利正當工商業及維護本港貿易的信譽

◎履行國際義務

信念

◎專業和尊重

◎合法和公正

◎問責和誠信

◎遠見和創新

香港海關的「服務承諾」

香港海關是一個先進和前瞻的海關組織,為社會的穩定和繁榮作出貢獻。我們以信心行動,以禮貌服務,以優異為目標。

我們承諾在下列各方面為市民提供高效率、有禮及專業的服務:

· 偵緝及防止走私;

· 保障稅收;

· 緝毒;

· 保障知識產權;

· 貿易管制;以及

· 保障消費者權益。

香港海關的「組織架構」

　　海關的首長為海關關長。截至 2017 年 3 月 31 日止，海關的職員編制達 6,157 人，包括九名首長級人員、5,039 名海關部隊人員、553 名貿易管制職系人員，以及 565 名一般及共通職系人員。在工作職能分配方面，海關分為以下 5 個處。

(1) 行政及人力資源發展處

　　負責整個海關部隊的人事管理、內務行政、財務管理和員工訓練等事宜，並掌管部隊行政科、內務行政科、財務管理科、檢控及管理支援科、訓練及發展科和投訴調查課。

(2) 邊境及港口處

　　負責保安局管轄範圍內有關出入口管制的事宜，並管轄機場科、陸路邊境口岸科、鐵路及渡輪口岸科和港口及海域科。

(3) 稅務及策略支援處

　　負責財經事務及庫務局管轄範圍內有關應課稅品事宜、推行香港認可經濟營運商計劃、國際海關聯絡和合作事宜、發展項目的策劃並添置器材，以及資訊科技發展工作，並管轄應課稅品科、供應鏈安全管理科、海關事務及合作科、項目策劃及發展科、資訊科技科和新聞組。

(4) 情報及調查處

負責保安局管轄範圍內關於毒品、反走私活動的事宜；商務及經濟發展局管轄範圍內關於保護知識產權的工作；制訂有關使用情報和風險管理的政策和策略，並管轄海關毒品調查科、版權及商標調查科、情報科、稅收及一般調查科和有組織罪案調查科。

(5) 貿易管制處

負責商務及經濟發展局管轄範圍內有關貿易管制及保障消費者權益事宜，和財經事務及庫務局管轄範圍內有關監管金錢服務經營者事宜。該處設有緊貿安排及貿易視察科、消費者保障科（一）、消費者保障科（二）、貿易報關及制度科、貿易調查科和金錢服務監理科。

直接隸屬副關長組織

為加強部門制度的誠信、提高部門的效率和工作成效以及提升服務質素和標準，海關副關長更直接管核。

(a) 服務質素及管理審核科和

(b) 內部核數組。

分別負責進行管理審核和核數工作。

香港海關的組織架構圖

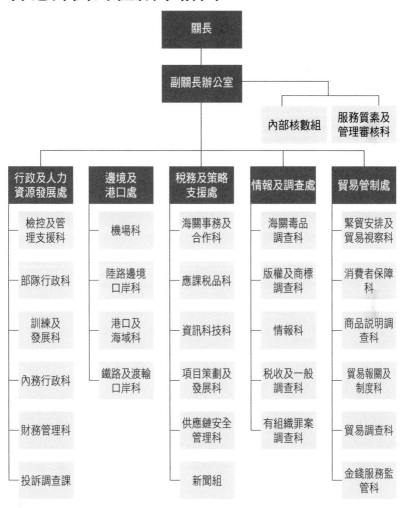

關長

副關長辦公室

內部核數組

服務質素及管理審核科

行政及人力資源發展處
- 檢控及管理支援科
- 部隊行政科
- 訓練及發展科
- 內務行政科
- 財務管理科
- 投訴調查課

邊境及港口處
- 機場科
- 陸路邊境口岸科
- 港口及海域科
- 鐵路及渡輪口岸科

稅務及策略支援處
- 海關事務及合作科
- 應課稅品科
- 資訊科技科
- 項目策劃及發展科
- 供應鏈安全管理科
- 新聞組

情報及調查處
- 海關毒品調查科
- 版權及商標調查科
- 情報科
- 稅收及一般調查科
- 有組織罪案調查科

貿易管制處
- 緊貿安排及貿易視察科
- 消費者保障科
- 商品說明調查科
- 貿易報關及制度科
- 貿易調查科
- 金錢服務監管科

解構「海關部隊」

　　現時香港海關由「海關部隊職系」和「貿易管制主任職系」所組成。

　　貿易管制主任職系以貿易管制處處長為首,負責貿易管制及保障消費者權益事宜。其職責包括:

- 執行戰略物資、儲備商品及其他禁運物品的管制工作;

- 維護產地來源證簽證制度,包括《內地與香港關於建立更緊密經貿關係的安排》下簽發的產地來源證;

- 執行有關保障消費者權益的法例:

  - 度量衡;

  - 玩具、兒童產品和消費品安全;

  - 貨品的商品說明;

  - 供應貴重金屬,翡翠,鑽石及受規管電子產品;

- 監管金錢服務經營者;

- 覆核進/出口報關單;以及

- 評定和徵收報關和製衣業訓練徵款。

海關部隊的職系

香港海關部隊是根據香港法例第 342 章《香港海關條例》所成立的紀律部隊，這職系包括關長職系、監督職系、督察職系及關員職系。其主要職務包括：

- 偵緝及防止走私；
- 保障和徵收應課稅品稅款；
- 緝毒和防止販毒及濫用受管制藥物；
- 保障知識產權；以及
- 保障和便利正當工商業及維護本港貿易的信譽。

海關部隊的職務

香港海關部隊的主要職務包括：

· 偵緝及防止走私；
· 保障和徵收應課稅品稅款；
· 緝毒和防止販毒及濫用受管制藥物；
· 保障知識產權；
· 保障消費者權益，以及
· 保障和便利正當工商業及維護本港貿易的信譽。

海關部隊「職級的簡稱」

職級中文名稱	職級英文名稱	簡稱
關長	Commissioner	C
副關長	Deputy Commissioner	DC
助理關長	Assistant Commissioner	AC
總監督	Chief Superintendent	CS
高級監督	Senior Superintendent	SS
監督	Superintendent	S
助理監督	Assistant Superintendent	AS
高級督察	Senior Inspector	SI
督察	Inspector	I
見習督察	Probationary Inspector	PI
總關員	Chief Customs Officer	CCO
高級關員	Senior Customs Officer	SCO
關員	Customs Officer	CO

香港海關部隊職級及官階徽章

首長級人員				監督級人員		
關長	副關長	助理關長	總監督	高級監督	監督	助理監督

督察級人員				關員級人員		
高級督察	督察	見習督察		總關員	高級關員	關員

話你知

基於香港海關涉及的職務範圍廣泛，並涵蓋以下三個政策局的工作範疇：

- 保安局

- 財經事務及庫務局

- 商務及經濟發展局

「海關部隊」的主要任務

海關部隊充滿挑戰性，任務頗為艱巨，當中主要任務包括如下：

(a) 防止及偵緝走私

香港海關根據香港法例第 60 章《進出口條例》的規定，防止及偵緝走私活動，並對違禁品採取管制措施，其中包括：

- 實施許可證制度；
- 檢查經海、陸、空各途徑進出口的貨品；
- 在各出入境管制站檢查旅客和行李；
- 搜查抵港和離境的飛機、船隻和車輛。

海關因應有組織走私犯罪活動日趨隱蔽、複雜及國際化，於 2013 年 1 月成立「有組織罪案調查科」以全面打擊走私活動。

「有組織罪案調查科」是結合海關在刑事及財富調查的專長，致力提升偵緝能力，以追溯犯罪團夥的指揮鏈，並且拘捕其主腦。在適當的情況下，亦會引用香港法例第 455 章《有組織及嚴重罪行條例》，以加重刑罰及充公犯罪得益，加強阻嚇效果。

　　另外，透過在警察／海關聯合「反走私特遣部隊 Anti-Smuggling Task Force」的合作，海關和香港警務處聯手打擊香港水域內的走私活動。

邊境檢查站

　　香港海關在全港各海、陸、空的邊境檢查站，均會派駐關員進行執法，當中包括有：

1. 香港國際機場
2. 中國客運碼頭（俗稱中港客運碼頭、中港城碼頭或中港碼頭）
3. 港澳客運碼頭
4. 葵涌青衣貨櫃碼頭
5. 紅磡直通車站
6. 羅湖管制站
7. 文錦渡管制站
8. 沙頭角管制站
9. 深圳灣管制站
10. 落馬洲管制站
11. 落馬洲支線管制站
12. 屯門渡輪碼頭（暫停服務直至另行通告為止）

(b) 保障稅收：

香港是自由港，沒有徵收進口關稅，但根據香港法例第109章《應課稅品條例》，當中有4類作本銷用途的商品，不論是進口或本地製造，均須課稅。該四類應課稅品包括：

1. 碳氫油類（汽油、飛機燃油和輕質柴油）
2. 酒精濃度以量計多於 30% 的飲用酒類
3. 甲醇 及
4. 煙草（除了無煙煙草產品）

根據總結 2016 年海關工作資料顯示，海關徵收應課稅品稅款達 107 億元。

海關是根據香港法例第 109 章《應課稅品條例》管制酒房、煙草製造商、酒類製造商、油庫，以及經營應課稅品的工商機構，並監管私用保稅倉、一般保稅倉及公眾保稅倉。

除此之外，免稅的船舶補給品以及飛機補給品的供應及貯存也受海關監管。

凡進出口、製造或貯存應課稅品，均須向海關申領牌照。海關亦根據香港法例第 330 章《汽車（首次登記稅）條例》規定，評估車輛首次登記稅。

(c) 緝毒

海關和香港警務處是負責執行禁毒法例的部門,近年成績斐然,令人鼓舞。

根據總結 2016 年海關工作資料顯示,去年偵破的緝毒案件共 779 宗,檢獲毒品共 1271 公斤。

海關除了在各出入境管制站堵截毒品外,亦針對全港集團式販毒活動,展開積極的調查工作和監視行動。而為了提高緝毒工作的成效,海關會靈活調配緝毒犬並利用先進科技儀器,例如流動 X 光車輛檢查系統及車輛 X 光檢查系統。

此外,海關會密切監察吸食毒品的情況,例如近年青少年吸食危害精神毒品的個案有上升趨勢以及中港兩地的跨境運毒案。

同時,海關亦負責調查「清洗販毒得益」的案件,並提出凍結和充公來自販毒活動的財產的申請。

海關執行一個發牌制度,管制用以製造危險藥物的 26 類化學前體的進出口及經營。

海關與香港警務處和內地和海外的緝毒機關緊密合作,互換情報,致力打擊本地和國際販毒罪行。

(d) 保障知識產權

香港海關是香港特別行政區唯一負責對版權及商標侵權活動進行刑事調查及檢控的部門。

海關其中一項任務是維護知識產權擁有人和正當商人的合法權益。為履行這項任務,海關嚴格執行:

- 香港法例第 528 章《版權條例》、
- 香港法例第 362 章《商品說明條例》及
- 香港法例第 544 章《防止盜用版權條例》的規定。

策略

海關採取雙管齊下的策略,分別從供應及零售層面打擊盜版及冒牌貨活動。在供應層面上,海關致力從進出口、製造、批發及分銷層面打擊盜版及冒牌貨活動。至於在零售層面上,海關一直努力不懈,在各零售黑點持續採取執法行動,以杜絕街頭的盜版及冒牌貨活動。

侵犯版權

海關負責調查和檢控有關文學、戲劇、音樂或藝術作品、聲音紀錄、影片、廣播、有線傳播節目及已發表版本的排印編排的侵犯版權活動。

　　海關除了從生產、儲存、零售及進出口層面掃蕩盜版光碟外，並致力打擊機構使用盜版軟件和其他版權作品作商業用途。

　　海關成立了4支反互聯網盜版隊，以打擊網上侵權活動。

　　海關的「電腦法證所」會就侵權案件數碼證據的收集、保存、分析及於法庭呈示證物等工作提供專業支援。

偽冒商標

　　海關亦根據香港法例第362章《商品說明條例》，對涉及應用偽造商標或附有虛假商品說明商品的人士／機構採取執法行動。

防止盜用版權

　　香港法例第544章《防止盜用版權條例》規定本地的光碟及母碟製造商必須獲得海關批予牌照，並為他們製造的所有產品標上特定的識別代碼。

　　此外，香港法例第60章《進出口條例》規定，必須領有海關發出的許可證，才可進出口光碟母版及光碟複製品的製作設備。

海關執行任務時，其中會根據以下法例展開工作：

《商品說明條例》打擊應用偽造商標或虛假標籤的商品活動。

《防止盜用版權條例》規定本地的光碟及母碟製造商必須獲得海關批予特許，並為他們製造的所有產品標上特定的識別代碼。

《進出口條例》規定，進出口光碟母版和光碟複製品的製作設備必須申領海關發出的許可證。

「海關部隊」的簡介

聯合財富情報組

關於「聯合財富情報組 Joint Financial Intelligence Unit - JFIU」

「聯合財富情報組 Joint Financial Intelligence Unit - JFIU」於 1989 年成立，負責接收業內人士根據《販毒（追討得益）條例》及《有組織及嚴重罪行條例》（自 1995年起實施）的有關條文所作出的可疑金融活動報告。

而自《聯合國（反恐怖主義措施）條例》在 2002 年制定以來，聯合財富情報組亦負責接收有關處理恐怖分子財產的可疑交易報告。

聯合財富情報組由「香港海關」及「香港警務處」人員所聯合組成，辦事處設於灣仔軍器廠街警察總部。

聯合財富情報組負責管理香港的可疑交易報告制度，其職責在於接收、分析及儲存可疑交易報告，並且將可疑交易報告送交適當的調查小組處理。

有關的調查事宜則會由隸屬於香港海關的「毒品調查課」和香港警務處的「毒品調查科」、「有組織罪案及三合會調查科」負責。

聯合財富情報組的抱負與使命

抱負

使聯合財富情報組繼續作為亞太區內其中一個主要的財富情報組

使命

聯合財富情報組致力協助政府保護香港免受清洗黑錢及為恐怖分子融資等非法活動的影響，方法是：

- 使聯合財富情報組的專業標準與相關的國際標準接軌
- 促進及加強本地與國際機構之間在財富情報交換方面的合作
- 精細分析聯合財富情報組接收的可疑交易報告並且作出適時發佈
- 加強相關業界對清洗黑錢及為恐怖分子融資問題的意識及了解

聯合財富情報組架構

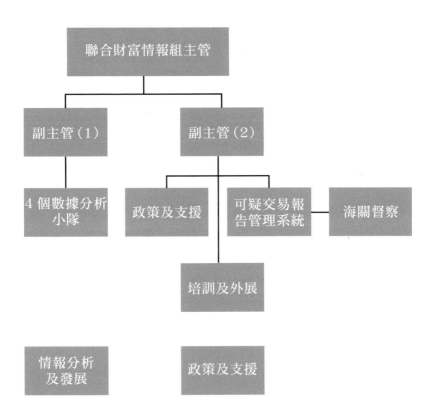

聯合財富情報組主管

副主管（1）

副主管（2）

4 個數據分析
小隊

政策及支援

可疑交易報
告管理系統

海關督察

培訓及外展

情報分析
及發展

政策及支援

「私煙調查組」和「私油及一般調查組」

　　合法香煙和燃油與私煙和私油的價格相差很大，驅使走私客鋌而走險販賣私煙和私油以獲取利潤。為保障根據香港法例第 109 章《應課稅品條例》所訂明的「應課稅品」所徵收的稅款，香港海關稅收及一般調查科轄下成立了：

　　「私煙調查組 Illicit Cigarette Investigation Division (ICID)」及

　　「私油及一般調查組 Illicit Fuel and General Investigation Division (IFGID)

　　分別採取持久及嚴厲的執法行動打擊「私煙」和「私油」活動。

　　「私煙調查組」負責偵緝有組織的走私、分銷及零售私煙活動，在全港各區打擊街頭販賣、貯存及零售私煙活動。

　　「私油及一般調查組」負責打擊私油的使用、分銷、製造及走私活動。除針對零售層面外，該組亦致力打擊化油廠、合成油製造中心的活動及跨境走私活動。

海關搜查犬

在打擊走私毒品方面，香港海關的搜查犬是關員執法時的得力助手。

在 2001 年 9 月 11 號，美國 911 恐怖襲擊事件後，海關亦引入專門搜查爆炸品的搜查犬。

海關共有 49 隻搜查犬，當中包括：

47 隻緝毒犬及 2 隻爆炸品搜查犬

（分別在機場，各陸路邊境管制站及貨櫃碼頭執行緝毒和搜查爆炸品的工作）

搜查犬的類型包括：

活躍型搜查犬

負責在海關檢查站嗅查貨物。

當嗅到毒品的氣味時，牠們便會用爪抓劃可疑物品或向著可疑物品吠叫。

機靈犬

負責在海關檢查站嗅查旅客及所攜帶的隨身行李。

當嗅到毒品的氣味時，牠們便會安靜地坐在對象的前面不動。

（備註：警隊亦有相類似的警犬，稱之為「靜態緝毒犬」）

複合型搜查犬

此種搜查犬集「活躍型搜查犬」以及「機靈犬」的優點於一身，負責在海關檢查站嗅查出入境旅客及貨物。

爆炸品搜查犬

爆炸品搜查犬負責搜尋含有爆炸品的可疑物品。

來源地及訓練地點

海關的搜查犬分別來自內地及英國。在加入海關前，已經於當地接受「搜查犬」前期訓練。

犬隻的品種

海關搜查犬主要有 2 個品種，包括 44 隻「拉布拉多尋回犬」及 7 隻「英國史賓格跳犬」。

資料來源：海關搜查犬
http://www.customs.gov.hk/tc/other_information/dogs/

【資料室】

香港海關執行職務時可引用的香港法例

　　根據《香港海關條例》（香港法例第342章），香港海關可根據以下30條香港法例執法：

1. 《釋義及通則條例》　　　　　　　　香港法例第 1 章
2. 《進出口條例》　　　　　　　　　　香港法例第 60 章
3. 《度量衡條例》　　　　　　　　　　香港法例第 68 章
4. 《郵政署條例》　　　　　　　　　　香港法例第 98 章
5. 《電訊條例》　　　　　　　　　　　香港法例第 106 章
6. 《應課稅品條例》　　　　　　　　　香港法例第 109 章
7. 《入境條例》　　　　　　　　　　　香港法例第 115 章
8. 《公共收入保障條例》　　　　　　　香港法例第 120 章
9. 《公眾衛生及市政條例》　　　　　　香港法例第 132 章
10. 《除害劑條例》　　　　　　　　　　香港法例第 133 章
11. 《危險藥物條例》　　　　　　　　　香港法例第 134 章
12. 《抗生素條例》　　　　　　　　　　香港法例第 137 章
13. 《藥劑業及毒藥條例》　　　　　　　香港法例第 138 章
14. 《公眾衛生（動物及禽鳥）條例》　　香港法例第 139 章
15. 《化學品管制條例》　　　　　　　　香港法例第 145 章
16. 《刑事罪行條例》　　　　　　　　　香港法例第 200 章
17. 《植物（進口管制及病蟲害控制）條例》　香港法例第 207 章

【資料室】

18. 《武器條例》　　　　　　　　　香港法例第 217 章
19. 《裁判官條例》　　　　　　　　香港法例第 227 章
20. 《警隊條例》　　　　　　　　　香港法例第 232 章
21. 《火器及彈藥條例》　　　　　　香港法例第 238 章
22. 《海魚（統營及輸出）規例》　　香港法例第 291 章
23. 《危險品條例》　　　　　　　　香港法例第 295 章
24. 《儲備商品條例》　　　　　　　香港法例第 296 章
25. 《空氣污染管制條例》　　　　　香港法例第 311 章
26. 《船舶及港口管制條例》　　　　香港法例第 313 章
27. 《工業訓練（製衣業）條例》　　香港法例第 318 章
28. 《非政府簽發產地來源證保障條例》　香港法例第 324 章
29. 《汽車（首次登記稅）條例》　　香港法例第 330 章
30. 《香港海關條例》　　　　　　　香港法例第 342 章
31. 《廢物處置條例》　　　　　　　香港法例第 354 章
32. 《商品說明條例》　　　　　　　香港法例第 362 章
33. 《吸煙（公眾衛生）條例》　　　香港法例第 371 章
34. 《淫褻及不雅物品管制條例》　　香港法例第 390 章
35. 《保護臭氧層條例》　　　　　　香港法例第 403 章
36. 《販毒（追討得益）條例》　　　香港法例第 405 章
37. 《狂犬病條例》　　　　　　　　香港法例第 421 章
38. 《玩具及兒童產品安全條例》　　香港法例第 424 章

【資料室】

39.	《有組織及嚴重罪行條例》	香港法例第 455 章
40.	《消費品安全條例》	香港法例第 456 章
41.	《逃犯條例》	香港法例第 503 章
42.	《刑事事宜相互法律協助條例》	香港法例第 525 章
43.	《大規模毀滅武器（提供服務的管制）條例》	香港法例第 526 章
44.	《版權條例》	香港法例第 528 章
45.	《聯合國制裁條例》	香港法例第 537 章
46.	《防止盜用版權條例》	香港法例第 544 章
47.	《商船（本地船隻）條例》	香港法例第 548 章
48.	《廣播條例》	香港法例第 562 章
49.	《聯合國（反恐怖主義措施）條例》	香港法例第 575 章
50.	《中醫藥條例》	香港法例第 549 章
51.	《化學武器（公約）條例》	香港法例第 578 章
52.	《防止兒童色情物品條例》	香港法例第 579 章
53.	《保護瀕危動植物物種條例》	香港法例第 586 章
54.	《截取通訊及監察條例》	香港法例第 589 章
55.	《食物安全條例》	香港法例第 612 章
56.	《打擊洗錢及恐怖分子資金籌集（金融機構）條例》	
		香港法例第 615 章

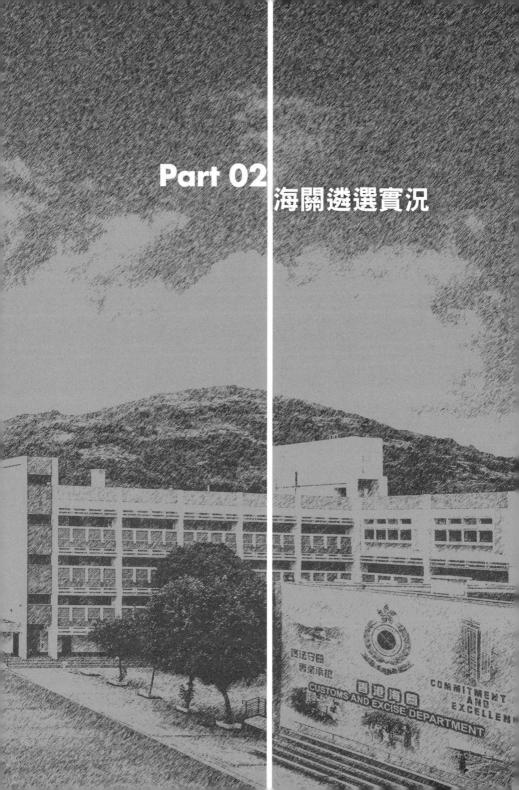

Part 02
海關遴選實況

海關關員入職申請

海關關員主要負責執行有關保障稅收及徵收稅款、緝毒、反走私和保護知識產權的執法工作。

海關關員須受《海關條例》所規定的紀律約束，並須穿著制服、佩帶槍械、不定時工作及於接獲有關要求時，在香港特別行政區以外的地區工作。

有志投身成為香港海關關員，必須附合以下條件：

申請要求

（1）：除另有指明外，申請人於獲聘時「必須」已成為香港特別行政區永久性居民。

（2）：學歷要求：

在香港中學文憑考試五科考獲第 2 級或同等（註 1）或以上成績（註 2），或具同等學歷；或在香港中學會考五科考獲第 2 級（註 3）/ E 級或以上成績（註 2），或具同等學歷。

符合語文能力要求，即在香港中學文憑考試或香港中學會考中國語文科和英國語文科考獲第 2 級或以上成績，或具同等成績。

（3）：通過視力測驗；

（4）：能操流利粵語；

（5）：通過遴選程序。

＊備註：

註1：政府在聘任公務員時，香港中學文憑考試應用學習科（最多計算兩科）「達標並表現優異」成績，以及其他語言科目C級成績，會被視為相等於新高中科目第3級成績；香港中學文憑考試應用學習科目（最多計算兩科）「達標」成績，以及其他語言科目E級成績，會被視為相等於新高中科目第2級成績。

註2：有關科目可包括中國語文及英國語文科。

註3：政府在聘任公務員時，2007年前的香港中學會考中國語文科和英國語文科（課程乙）C級及E級成績，在行政上會分別被視為等同2007年或之後香港中學會考中國語文科和英國語文科第3級和第2級成績。

申請方法

（1）：申請書通用表格[G.F.340(3/2013修訂版)]可以向民政事務總署，各區民政事務處諮詢服務中心或勞工處就業科各就業中心索取，或從公務員事務局互聯網站下載（http://www.csb.gov.hk）。

（2）：申請人須把填妥的申請書在截止申請日期或之前（申請日期以信封上郵戳所示日期為準）送達香港北角渣華道 222 號海關總部大樓 31 樓香港海關人事部聘任組（請在信封面註明「申請關員職位」）。

（3）：申請人亦可透過公務員事務局互聯網站的政府職位空缺查詢系統（http://www.csb.gov.hk）遞交申請書。

（4）：所有申請書，如資料不全、或逾期遞交、或以傳真或電郵方式遞交、或並未妥為簽署、或非使用指定的申請書，將不獲考慮。

（5）：申請人現階段無須遞交修業成績副本及證書副本。

（6）：持有本港以外學府／非香港考試及評核局頒授的學歷人士亦可申請，惟其學歷必須經過評審以確定是否與職位所要求的本地學歷水平相若，有關申請人須於稍後按要求遞交全部修業成績副本及證書副本。

（7）：如果符合訂明入職條件的申請人數目眾多，招聘部門可以訂立篩選準則，甄選條件較佳的申請人，以便進一步處理。在此情況下，只有獲篩選的申請人才會獲邀參加「能力傾向測試」。

（8）：申請人如獲邀參加「能力傾向測試」，通常會在截止申請日期後約 6 至 8 個星期內接獲通知。

（9）:如申請人未獲邀參加「能力傾向測試」、「體能測驗」及／或「遴選面試」，則可視作經已落選。

（10）:有關「海關關員」職位空缺的資料，可以致電3759 3837查詢。

（11）:申請人可參閱香港海關互聯網站瀏覽有關投考關員的資料(http://www.customs.gov.hk/tc/about_us/recruitment/customs_officer/process/index.html)

小貼士

因為臨近截止申請日期，很多時接受網上申請的伺服器可能因為需要處理大量申請而非常繁忙。建議投考者應預早時間遞交申請，不時在最後一刻才透過網上處理，以免因網絡問題造成延誤，浪費申請機會。

海關關員一連 2 天遴選流程

Day 1（第一關）——
〈能力傾向測驗及《基本法》測試〉(Aptitude Test & Basic Law Test)

Day 2（第二關）——
〈體能測驗 Physical Fitness Test〉

Day 2（第三關）——
〈遴選面試 Selection Interview〉

品格審查〈Vetting〉
體格檢驗〈Medical Examination〉
考慮聘任〈Consideration for Appointment〉
作出聘任〈Offer for Appointment〉

考生獲作出聘任成為海關關員後，需要接受為期約 20 星期的留宿入職訓練。而試用期則為期三年。

Day 1（第一關）
海關關員招聘之「能力傾向測驗」及
《基本法》測試

投考人的第一步，會獲邀參加「能力傾向測驗」及《基本法》測試。

海關關員招聘的「能力傾向測驗」是一張選擇題形式的試卷，當中合共有 40 條題目，分別設有「20 題中文題目」以及「20 題英文題目」，而考生須於 30 分鐘內完成。

過去的「能力傾向測驗」題目，曾經包括有以下之類型：

→ Verbal Reasoning (Chinese)（演繹推理）

→ Verbal Reasoning (English)

→ Data Sufficiency Test

→ Numerical Reasoning

→ Interpretation of Tables and Graphs

而根據過往的資料，參與「能力傾向測驗」時，要用 30 分鐘處理 40 條題目，即是平均要用 45 秒要完成一條題目，因此導致有些考生並未能完成全部 40 條題目，而且要「撞答案」亦都沒有足夠的剩餘時間，所以建議考生最好先去處理自己認識或者較有信心處理的部份，因為 Verbal Reasoning、Data Sufficiency Test、

Numerical Reasoning 以及 Interpretation of Tables and Graphs 都是先要閱讀一小段文字，然後作出分析，又或者需要分析不同的數據、圖表等，並且找出數據之間的關聯性，需要花去大量的時間。

（備註：投考人必需要通過「能力傾向測驗」後，方可進入隨後的遴選程序，即「體能測驗」及「遴選面試」。

《基本法》測試概況

獲邀參加「能力傾向測驗」的投考人，會被安排於筆試當日接受《基本法》知識筆試。

《基本法》測試是一張設有中英文版本的選擇題形式試卷，全卷共 15 題，考生須於 25 分鐘內完成。《基本法》測試並無設定及格分數，滿分為 100 分。有關成績永久有效。

如投考人曾參加由其他招聘當局／部門安排或由公務員事務局舉辦的《基本法》測試，可獲豁免參加是次《基本法》筆試，並可使用先前的測試結果作為《基本法》測試的成績。

投考人須在面試時出示成績結果的正本，過往在《基本法》測試中所考取的成績，才會獲得接納。

投考人亦可再次參加《基本法》測試。在這情況下，海關會以申請人在投考目前職位時取得的最近期成績為準。

考試前準備要訣

（1）：於赴試場前，應先自行量度體溫。

考生如有發燒及／或呼吸道感染的症狀，例如噴嚏及咳嗽，強烈勸喻他們不要前赴試場應考。考生可帶備口罩，並在試場範圍內戴上，但監考員在核實考生身分時，會要求有關考生除下口罩。

（2）：必須根據通知信上所列明的時間準時進入試場就座。

（3）：必須攜帶以下物品進入試場：

（a）香港身份證（如在申請時是以護照作為身分證明文件，須攜帶護照）和通知信，以便核實身分。凡未能出示上述身份證明文件者，可能不獲准應考。

（b）文具—自備 HB 鉛筆、膠擦和計數機。試場不會提供文具。

（4）：應考時可使用計數機，但所用的計數機必須是無線、沒有列印或字典功能及在運作時不會發出聲響。其他附有計算、圖表或文字顯示、具攝錄或網頁搜尋功能的電子儀器，一律不准使用。

（5）：考生亦應帶備手錶及外套。

考試期間注意事項

（1）：試卷開考後，考生不得離開試場。如因特別原因需提早離開試場，必須獲得主考員准許，並提交書面解釋。

（2）：只可將必需和獲准許使用的文具放在桌上。所有其他個人物品，例如：書籍、字典、筆記、紙張、記事簿、手提電話、傳呼機等，必須放在座位下。手提電話必須不被任何物件遮蓋，讓監考員清楚看到。考生可帶備一個小袋收藏個人物品。考生不可在考試期間將任何未獲准許使用的物品（包括手提電話）放在桌上、桌內、身上或衣袋內，否則可被取消考試資格；因此，我們建議考生只攜帶必需和獲准許使用的文具到試場。考生的個人物品如有遺失或損毀，香港海關恕不負責。

（3）：在整個考試過程中，考生必須關掉手提電話、傳呼機或任何備有發聲功能的物品，否則可被取消考試資格。

（4）：若生在考試時：

（a）意圖或以任何方式與試場內／外人士通訊。

（b）於試場內攝影、錄影或錄音者，其考試資格可被取消。

（5）：考生在考試期間如需要上洗手間，須由監考員陪同。不得攜帶傳呼機、手提電話、試卷、答題紙或紙張上洗手間。監考員會記錄考生的考生編號及上洗手間的時間。

（6）：未經指示，不得翻閱試卷或開始作答。

（7）：不得以任何形式抄錄試題（包括把試題抄錄在邀請信上）。考生可被取消考試資格。

（8）：不可把答題紙放在其他考生可以細閱的位置。

（9）：必須在試場提供的選擇題答題紙上作答。寫在試卷上的答案將不獲評閱。

（10）：當主考員宣布「夠鐘！請停筆……」，考生應依照指示，立即停止作答。若當時才發覺未填上姓名、考生編號或身分證明文件號碼，應待監考員到達其座位附近時，得其允許方可補填有關資料。

（11）：必須小心聆聽主考員的宣布及遵照指示應考。考生如不遵照主考員的指示或本須知內的規定，或以不誠實的行為應考，或對主考員／監考員粗暴無禮，或多次違反主考員／監考員的合理指示，或在答題紙上寫上粗言穢語或不雅字句，可被取消考試資格。

正確答題有法

（1）：答題紙是由電腦處理的。如未能遵照下列指示填寫，可能引致電腦系統不能處理答題紙，而無法給予分數。

（2）：作答前，須根據主考員指示用 HB 鉛筆在答題紙上，

海關遴選實況

填上下列資料：

　　（a）Name 考生姓名：用正楷清楚地填寫考生的英文全名。

　　（b）Passport No. OR HKID No. 護照號碼或香港身份證號碼：請填寫身份證號碼（如考生在申請表上登記了護照號碼，請填寫護照號碼）。考生在申請表上登記的身份證明文件號碼已在通知信上列明。請同時把香港身份證號碼下面適當的橢圓圈完全塗黑。

　　（c）Exam No. 考試編號：請依照主考員的指示填上考試編號的兩個數字，並把每個數字下面適當的橢圓圈完全塗黑。

　　（d）Candidate No. 考生編號：請填上考生編號的五個數字，並把每個數字下面適當的橢圓圈完全塗黑。

　　考生的考生編號已載列於通知信上。

　　（3）：須用 HB 鉛筆在答題紙上填寫答案，並如上圖例子把適當的橢圓圈完全塗黑。錯填答案須用清潔的膠擦將筆痕徹底擦去。切勿摺皺答題紙。

　　（4）：不得在一題中填寫多於一個答案，否則該題將不獲給予分數。

　　（5）：填畫每一個答案時，應小心核對答案是否與試題號數相符。任何在答題時間以外提出更改答案的要求，將不被接納。

　　（6）：考試完畢後，考生須留在原位，直至主考員指示後，方可離場。

（7）：任何試卷、答題紙或墊底紙，不論是否曾經使用，均不得攜離試場。

提提你

考試成績通知

・「能力傾向測試」的成績將用作甄選考生參加體能測驗。考生如獲邀參加體能測驗，將會收到香港海關的通知。

・「基本法測試」結果將會在考試後約一個月以郵遞方式通知考生。基本法測試的成績永久有效。

如欲覆核考試成績，必須在發出成績通知日期的一星期內，將書面申請送交或以郵寄方式送達香港海關聘任組（地址：香港北角渣華道 222 號海關總部大樓 31 樓），或電郵至 customsenquiry@customs.gov.hk。逾期的覆核申請，將不獲處理。

【小資訊】

應考時注意事項

（一）遇上惡劣天氣

（1）：一般來說，如天文台發出三號或以下的熱帶氣旋、「黃色」或「紅色」暴雨警告信號時，考試會如期舉行。如天文台發出八號或以上的熱帶氣旋或「黑色」暴雨警告信號，考試或許會改期。

（2）：如考生對當日天氣情況有所疑慮，應於赴試場前留意電台或電視的有關宣布。除非考評局正式宣布由於天氣惡劣，該日的考試需要延期，否則考生應依原定安排應試。

（3）：如考試另有安排，將會在香港海關網站內公布。

（二）遵守場內規矩

（1）：在考試場地並無停車位供考生使用。

（2）：試場範圍內不准吸煙或亂拋垃圾。

（3）：考生不得在未經許可的情況下進入試場的辦公室及課室等地方。

＊備註：考生獲邀參加考試並不代表他們已完全符合規定的入職條件。如考生未能符合入職條件，不論其考試成績結果，在「海關關員」招聘遴選過程中將不獲考慮。

Aptitude Test 能力傾向測試
Sample Question 參考範本

(A) Verbal Reasoning 演繹推理 (Chinese)

通常演繹推理的題目分以下幾種型式出現，只時掌握題目的類型，自然能以推理判斷解答演繹推理。

（1）直接得出結論的類型

【例1】有一段時間，滿街的女青年都穿著一種高跟的「鬆糕」皮鞋，但這種鞋不美，是男青年的共識，不久這種皮鞋就少見了。如今，在男青年的衣櫃裡，雙排扣的西裝可能已落滿了灰塵，這種西裝氣派、莊重，但有拒女青年千里之外的感覺。可見（　　）。

A. 女人都愛趕潮流

B. 市場上已經沒有高跟「鬆糕」皮鞋和雙排扣西裝銷售了

C. 穿高跟皮鞋沒有女人味，穿雙排扣西裝男人味又太濃

D. 男人和女人流行哪種服飾，很大程度上取決於異性是否認同

【答案】D

（2）間接得出結論的類型

【例2】甲、乙、丙三人是同一家公司的職員，他們的未婚妻A、B、C也都是這家公司的職員。知情者介紹說：「A的未婚夫是乙的好友，並在三個男子中最年輕；丙的年齡比C的未婚夫大。」依據該知情者提供的資訊，我們可以推出三對夫妻分別是（　）。

A. 甲-A，乙-B，丙-C　　　B. 甲-A，乙-C，丙-B

C. 甲-B，乙-C，丙-A　　　D. 甲-C，乙-B，丙-A

【答案】B

【例3】據《科學日報》消息，1998年5月，瑞典科學家在有關領域的研究中首次提出，一種對防治老年癡呆症有特殊功效的微量元素，只有在未經加工的加勒比椰果中才能提取。

如果《科學日報》的上述消息是真實的，那麼，以下哪項不可能是真實的？

（1）1997年4月，芬蘭科學家在相關領域的研究中提出過，對防治老年癡呆症有特殊功效的微量元素，除了未經加工的加勒比椰果，不可能在其他物件中提取。

（2）荷蘭科學家在相關領域的研究中證明，在未經加工的加勒比椰果中，並不能提取對防治老年癡呆症有特殊功效的微

量元素，這種微量元素可以在某些深海微生物中提取。

（3）著名的蘇格蘭醫生查理博士在相關的研究領域中證明，該微量元素對防治老年癡呆並沒出現特殊功效。

A. 只有（1）　　　　B. 只有（2）

C. 只有（3）　　　　D. 只有（2）和（3）

【答案】A

【例4】甲、乙、丙和丁是同班同學。甲說：「我班同學都是團員。」乙說：「丁不是團員。」丙說：「我班有人不是團員。」丁說：「乙也不是團員。」

已知只有一個說假話，則可推出以下哪項斷定是真的？

A. 說假話的是甲，乙不是團員

B. 說假話的是乙，丙不是團員

C. 說假話的是丙，丁不是團員

D. 說假話的是丁，乙不是團員

【答案】A

（3）邏輯推理類

【例5】所有的詩人都是文學家，有的文學家是詩人，張中是文學家，則下列選擇正確的是（　　）。

A・張中是詩人

B・張中不是詩人

C・張中可能是詩人

D・張中不是文學家就是詩人

【答案】C

【例6】以「如果甲乙都不是作案者，那麼丙是作案者」為一前提，若再增加另一前提可必然推出「乙是作案者」的結論。下列哪項最適合作這一前提？（）

A. 丙是作案者

B. 丙不是作案者

C. 甲不是作案者

D. 甲和丙都不是作案者

【答案】D

(B) Verbal Reasoning (English)

In this test, each passage is followed by three statements (the questions). You have to assume what is stated in the passage is true and decide whether the statements are either:

A: True   The statement is already made or implied in the passage, or follows logically from the passage.

B: False   The statement contradicts what is said, implied by, or follows logically from the passage.

C: Can't tell There is insufficient information in the passage to establish whether the statement is true or false.

在這測驗中，每個段落之後有三句陳述，你必須決定該段落後的陳述是「正確」、「錯誤」，或是因為沒有進一步的訊息而「而法判斷」，以下是它們的定義：

正確   在句子中的陳述，本身已有充分的提示及邏輯性，令考生判斷為正確。

錯誤   在句子中的陳述，本身存矛盾，考生可判斷為錯誤。

無法判斷   在句子中的陳述，本身欠缺充分資訊來驗證正確或錯誤，令考生無法作出判斷。

【Example】

In this test, each passage is followed by three statements (the questions). You have to assume what is stated in the passage is true and decide whether the statements are either:

(A) True: The statement is already made or implied in the passage, or follows logically from the passage.

(B) False: The statement contradicts what is said, implied by, or follows logically from the passage.

(C) Can't tell: There is insufficient information in the passage to establish whether the statement is true or false.

Passage 1 (Question 1 to 3)

1. Only mild cases of asthma can be helped by anti-inflammatory therapy.

2. Use of bronchodilators has been increasing since 1991.

3. Doctors are reluctant to treat asthma with inhaled steroids for fear of potential side-effects.

【Answer】

1. B (False): Only mild cases of asthma can be helped by anti-inflammatory therapy.

2. B (False): Use of bronchodilators has been increasing since 1991.

3. C (Can't tell): Doctors are reluctant to treat asthma with inhaled steroids for fear of potential side-effects.

(C) Data Sufficiency Test

Get to know the test. Though the test only covers arithmetic, algebra, geometry, and word problems, you will need to become familiar with how the questions are asked.

Math Concepts You Should Know

The data sufficiency questions cover math that nearly any college-bound high school student will know. In addition to basic arithmetic, you can expect questions testing your knowledge of averages, fractions, decimals, algebra, factoring, and basic principles of geometry such as triangles, circles, and how to determine the areas and volumes of simple geometric shapes.

The Answer Choices

The following questions will all have the exact same answer choices. The answer choices are summarized below as you will see them on the exam.

A. Statement 1 alone is sufficient but statement 2 alone is not sufficient to answer the question asked.

B. Statement 2 alone is sufficient but statement 1 alone is not sufficient to answer the question asked.

C. Both statements 1 and 2 together are sufficient to answer the question but neither statement is sufficient alone.

D. Each statement alone is sufficient to answer the question.

E. Statements 1 and 2 are not sufficient to answer the question asked and additional data is needed to answer the statements.

Use Process of Elimination

If statement 1 is insufficient, then choices A and D can immediately be eliminated.

Similarly, if statement 2 is insufficient, then choices B and D can immediately be eliminated.

If either statement 1 or 2 is sufficient on its own, then choices C and E can be eliminated.

A Simple 4 Step Process for Answering These Questions

Many test takers make the mistake of not arming themselves with a systematic method for analyzing the answer choices for these questions. Overlooking even one step in the process outlined below can make a big difference in the final quantitative score you will be reporting to your selected business schools.

1.) Study the questions carefully. The questions generally ask for one of 3 things: 1) a specific value, 2) a range of numbers, or 3) a true/false value. Make sure you know what the question is asking.

2.) Determine what information is needed to solve the problem. This will, obviously, vary depending on what type of question is being asked. For example, to determine the area of a circle, you need to know the circle's diameter, radius, or circumference. Whether or not statements 1 and/or 2 provide that information will determine which answer you choose for a data sufficiency question about the area of a circle.

3.) Look at each of the two statements independently of the other. Follow the process of elimination rules covered above to consider each statement individually.

4.) If step 3 did not produce an answer, then combine the two statements.

If the two statements combined can answer the question, then the answer choice is C. Otherwise, E.

Data Sufficiency Tips and Strategies

Use only the information given in the questions. Do not rely on a visual assessment of a diagram accompanying a geometry question to determine angle sizes, parallel lines, etc. In addition, do not carry any information over from one question to the next. Each question in the data sufficiency section stands on its own. You can count on seeing at least a few questions where a wrong answer choice tries to capitalize on this common fallacy.

Do not get bogged down with complicated or lengthy calculations. As we stated before, these questions are designed to test your ability to think conceptually, not to solve math problems.

Use process of elimination. If time becomes an issue, you can always look at the 2 statements in either order. Remember, the order you analyze the two statements in doesn't matter, so long as you begin by looking at them individually. If you find statement 1 confusing, you can save time by skipping to statement 2 and seeing whether it can help you eliminate incorrect answer choices.

Be on the lookout for statements that tell you the same thing in different words. When the 2 statements convey the same exact information, you will know, through process of elimination, that the correct answer choice is either D or E. A favorite ploy of testers is to mix ratios and percentages. Here is an example where Statement 2 simply states

backwards the exact same information provided by Statement 1.

1   x is 50% of y

2.   the ratio of y:x is 2:1

Make real-world assumptions where necessary. You must assume that, in certain abstract questions such as "What is the value of x?", that x might be a fraction and/or a negative number.

Directions: Each question below is followed by 2 statements numbered (1) and (2). The questions have to be answered in terms of choices A to E. Mark your answer choice as;

A.   If Statement (1) ALONE is sufficient but Statement (2) ALONE is not sufficient.

B.   If Statement (2) ALONE is sufficient but Statement (1) ALONE is not sufficient.

C.   If BOTH Statements TOGETHER are sufficient, but NEITHER Statement alone is sufficient.

D.   If Each Statement ALONE is sufficient.

If Statements (1) and (2) TOGETHER are NOT sufficient.

【Example 1】

It takes 3.5 hours for Mathew to row a distance of X km up the stream. Find his speed in still water.

(1) It takes him 2.5 hours to cover the distance of X km downstream.

(2) He can cover a distance of 84 km downstream in 6 hours.

A. Statement (1) ALONE is sufficient but Statement (2) ALONE is not sufficient.

B. Statement (2) ALONE is sufficient but Statement (1) ALONE is not sufficient.

C. BOTH Statements TOGETHER are sufficient, but NEITHER Statement alone is sufficient.

D. Each Statement ALONE is sufficient.

E. Statements (1) and (2) TOGETHER are NOT sufficient.

【Answer 1】 C

Solution:

Given that Mathew rows upstream with the speed of X / 3.5km/h.

Combining both the statements, we can calculate the downstream speed.

Downstream speed = 84 / 6 = 14 km/h.

Also, downstream speed = X / 2.5.

Or, X / 2.5 = 14.

Or X = 2.5 * 14 = 35 km.

Hence the upstream speed = X / 3.5

= 35 / 3.5

= 10 km/h.

So the speed in still water = (10 + 4) / 2 = 12 km/h.

Hence we need both the statements together to solve the question.

【Example 2】

A man mixes two types of glues (X and Y) and sells the mixture of X and Y at the rate of $17 per kg. Find his profit percentage.

(1) The rate of X is $20 per kg.

(2) The rate of Y is $13 per kg.

A. Statement (1) ALONE is sufficient but Statement (2) ALONE is not sufficient.

B. Statement (2) ALONE is sufficient but Statement (1) ALONE is not sufficient.

C. BOTH Statements TOGETHER are sufficient, but NEITHER Statement alone is sufficient.

D. Each Statement ALONE is sufficient.

E. Statements (1) and (2) TOGETHER are NOT sufficient.

【Answer 2】 E

Solution:

In order to find the profit or loss, the most important information we need to know is the ratio of X and Y. Neither of the statements provide us with any information regarding the ratios. Both the statements give only the rate of X and Y. Hence the given information is not sufficient to answer the given question.

(D) Numerical Reasoning 數字推理

在數字推理題型中,每道試題中呈現一組按某種規律排列的數字,但這一數列中有意地空缺了一項,要求考生仔細觀察這一組數列,找出數列的排列規律,從而根據規律推導出空缺項應填的數字,然後用戶答題區提供的四個選項中選出你認為最合理、最適合的選項。

首先找出相鄰兩個(特別是第一、第二個)數字間的關係,迅速將這種關係推到下一個數字相鄰間的關係,若得到驗證,說明找到了規律,就可以直接推出答案;若被否定,馬上改變思考方向和角度,提出另一種數量關係假設。如此反復,直到找到規律為止。有時也可以從後面往前推,或者「中間開花」向兩邊推,都可能是較為有效的。解答此類試題的關鍵是找出數位排列時所依據的某種規律,通過相鄰兩數位間關係的兩兩比較就會很快的找到共同特徵,即規律。規律被找出來,答案自然就出來了。

在進行此項測驗時要善於總結經驗前應加強練習,了解有關出題形式,考試時就能得心應手。當然,在推導數量關係時,必然會涉及到許多計算,但你儘量不用筆算或少用筆算,而多用心算,這樣可以縮短做題時間,用更多的時間做其他題目。

Numerical Reasoning 數字推理題的題型

1. 等差數列及其變式

例題：1, 4, 7, 10, 13,（ ）

A.14　　　B.15　　　C.16　　　D.17

答案為 C。我們很容易從中發現相鄰兩個數字之間的差是一個常數 3，所以括弧中的數字應為 16。等差數列是數位推理測驗中排列數位的常見規律之一。

例題：3, 4, 6, 9,（ ），18

A.11　　　B.12　　　C.13　　　D.14

答案為 C。仔細觀察，本題中的相鄰兩項之差構成一個等差數列 1, 2, 3, 4, 5……，因此很快可以推算出括弧內的數位應為 13，像這種相鄰項之差雖不是一個常數，但有著明顯的規律性，可以把它看作等差數列的變式。

2.「兩項之和等於第三項」型

例題：34, 35, 69, 104,（ ）

A.138　　　B.139　　　C.173　　　D.179

答案為 C。觀察數字的前三項，發現第一項與第二項相加等於第三項，34+35=69，在把這假設在下一數字中檢驗，35+69=104，得到驗證，因此類推，得出答案為 173。前幾項或後幾項的和等於後一項是數字排列的又一重要規律。

3. 等比數列及其變式

例題：3, 9, 27, 81, ( )

A.243　　　B.342　　　C.433　　　D.135

答案為 A。這是最一種基本的排列方式，等比數列。其特點為相鄰兩項數字之間的商是一個常數。

例題：8, 8, 12, 24, 60, ( )

A.90　　　B.120　　　C.180　　　D.240

答案為 C。雖然此題中相鄰項的商並不是一個常數，但它們是按照一定規律排列的：1，1.5，2，2.5，3，因此答案應為 60×3=180，像這種題可視作等比數列的變式。

4. 平方型及其變式

例題：1, 4, 9,（　）, 25, 36

A.10　　　B.14　　　C.20　　　D.16

答案為 D。這道試題考生一眼就可以看出第一項是 1 的平方，第二項是 2 的平方，如此類推，得出第四項為 4 的平方 16。對於這種題，考生應熟練掌握一些數字的平方得數。如：

10 的平方 =100

11 的平方 =121

12 的平方 =144

13 的平方 =169

14 的平方 =196

15 的平方 =225

例題：66, 83, 102, 123,（　）

A.144　　　B.145　　　C.146　　　D.147

答案為 C。這是一道平方型數列的變式，其規律是 8，9，10，11 的平方後再加 2，因此空格內應為 12 的平方加 2，得 146。這種在平方數列的基礎上加減乘除一個常數或有規律的數列，可以被看作是平方型數列的變式，考生只要把握了平方規律，問題就可以化繁為簡了。

5. 立方型及其變式

例題：1，8，27，()

A.36　　　B.64　　　C.72　　　D.81

答案為 B。解題方法如平方型。我們重點說說其變式

例題：0，6，24，60，120，()

A.186　　　B.210　　　C.220　　　D.226

答案為 B。這是一道比較有難道的題目。如果你能想到它是立方型的變式，就找到了問題的突破口。這道題的規律是第一項為 1 的立方減 1，第二項為 2 的立方減 2，第三項為 3 的立方減 3，依此類推，空格處應為 6 的立方減 6，即 210。

6. 雙重數列

例題：257, 178, 259, 173, 261, 168, 263,（　）

A.275　　　B.178　　　C.164　　　D.163

答案為 D。通過觀察，我們發現，奇數項數值均為大數，而偶數項都是小數。可以判斷，這是兩列數列交替排列在一起而形成的一種排列方式。在這類題目中，規律不能在鄰項中尋找，而必須在隔項中尋找，我們可以看到，奇數項是一個等差

數列，偶數項也是一個等差數列，因此不難發現空格處即偶數項的第四項，應為 163。也有一些題目中的兩個數列是按不同的規律排列的，考生如果能判斷出這是多組數列交替排列在一起的數列，就找到瞭解題的關鍵。

(E) Interpretation of Tables and Graphs

This is a test on reading and interpretation of data presented in tables and graphs. You are required to find answers based on the information provided in the question.

Study the graphs and tables to answer the questions.

Graph 1 (Question 1 to 3)

1. How many mobile phone users were using Samsung handsets in 2004?

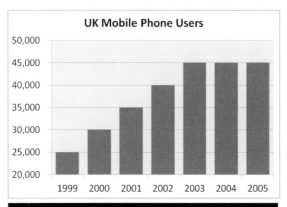

UK Mobile Phone Users

Market Share in 2004						
Nokia	Motorola	Samsung	Siemens	LG	Ericson	Others
30%	15%	13%	7%	7%	6%	22%

A. 5,850   B. 8,775   C. 2,165   D. 625

2. If Nokia's market share was 32% in 2002, how does the number of Nokia users in 2002 compare with that of 2004?

A. 700 fewer   B. 700 more   C. 300 fewer   D. 300 more

3. In 2004, how many more mobile phone users would LG require to equal that of Motorola?

A. 3,600   B. 1,350   C. 1,900   D. 500

【Answer】

1. A: 13% of 45,000 is 5,850.

2. A : In 2002 the number of Nokia handsets was 32% of 40,000. In 2004: 30% of 45,000.

3. A: In 2004 LG had 7% of 45,000 whilst Motorola had 15%.

《基本法》知識測試範本

1. 根據《基本法》的規定，對制定香港特別行政區之「金融制度」的規定是甚麼？

A. 是由中共中央政府包辦以及策劃香港特別行政區之金融制度

B. 是由中共中央政府與英國共同商訂以及策劃金融制度

C. 香港特別行政區可以自行制定貨幣政策

2. 根據《基本法》的規定，對有關香港特別行政區「稅收制度」的規定是怎樣？

A. 香港特別行政區政府必須要上繳百分之十九稅收與中共中央政府

B. 香港特別行政區稅收制度及政策是由中共中央政府所制定

C. 香港特別行政區實行獨立的稅收政策

3. 根據《基本法》中所指，香港特別行政區的「民間團體」和「內地相關團體」

究竟是屬於甚麼關係？

A. 是隸屬於中國內地團體的分會

B. 是須要受中國內地組織所監督和監管

C. 雙方是互不隸屬

4. 根據《基本法》的規定，香港特別行政區境內的「土地」和「自然資源」究竟是屬誰所擁有？

A. 是屬於香港特別行政區政府所擁有

B. 是屬於土地審裁處以及地政署所擁有

C. 是由國家所擁有

5. 根據《基本法》的規定，香港特別行政區《基本法》的解釋權究竟是由誰所擁有？

A. 是由香港特別行政區之終審法院所擁有

B. 是由全國人民代表大會之常務委員會所擁有

C. 是由香港特別行政區之立法會委員會所擁有

【答案】

（1）C　　（2）C　　（3）C　　（4）C　　（5）B

Day 2（第二關）海關關員招聘之「體能測驗」

投考「海關關員」須接受體能測驗，測驗項目包括以下4項：

（1）.靜態肌力測試

（2）.穿梯

（3）.立定跳遠

（4）.800米跑

第 1 項體能測驗——靜態肌力測試

（包括上臂力、肩膊力、腿力及背力）Isometric Strength Test (including arm strength, shoulder strength, leg strength and back strength)

「靜態肌力測試」，當中共有四個動作 ，分別為「上臂力、肩膊力、腿力及背力」。每個動作均只有一次測試機會。

一般而言，大部份考生均能夠在此項測試中取得 3 分至 5 分的成績。

建議：

考生於此環節，如有能力，就應該盡量爭取滿分。因為在 4 項體能測驗之中，此環節是相對較為容易獲得滿分。

考生於用力拉的時候，雙腳應要用力踩實塊板，這樣會比較容易取得高分。

靜態肌力測試「背力」，緊記應該是「向上」用力，而並不是「向後」用力。否則有可能因此而失去重心向後跌。

考生在此項體能測驗前，可以獲得一次「試拉」的機會，但是考官不會說出你當時所顯示的讀數，之後測驗才會正式開始。

第 2 項體能測驗——穿梯（Threading）

　　☑ 考生首先站在安全保護地墊上，然後向上攀爬「肋木架」頂部位置，而期間需要穿越 4 個指定的格位。而考生從「肋木架」頂部爬回地面之時，同樣需要穿越指定的 4 個格位。

　　☑ 考生在此項體能測驗前，可以獲得一次「試爬」的機會，之後測驗才會正式開始。

　　☑ 考生在整個測驗過程中，均需要保持其中一隻手是捉住「肋木架」，期間不能夠出現雙手同時放開。

　　考生應該要設定一個方向去轉身，要注意轉身時雙腳上的次序，緊記上的時候應要轉定身向上，從而爭取多些時間。

　　考生如設定逆時針轉身，應該要用左腳後蹬位置踏上半級，然後用右腳穿出，再用右腳撐上。

　　考生向下落的時候，主要是靠手力維持，而且如果向下落的時候陣踏空，就只好依靠雙手扶實。

備註：穿梯此項測試的動作技巧較為複雜，建議考生在應試之前，應該重複觀看海關網頁內的「示範影片」，從而了解相關之動作及技巧。

第 3 項體能測驗——立定跳遠（Standing Long Jump）

立定跳遠要求考生不准助跑，而是從立定的姿勢開始起跳，跳躍途中只准離地一次，否則視為犯規，有關動作如下：

首先兩腳稍為分開，腳尖都向前，平衡地站立於開始的白線外（建議考生兩腳應該與肩同樣寬度）

☑ 當起跳前，身體的重心應該稍為向前移

☑ 考生在聽到指示後，需要從立定的姿勢向前開始起跳

☑ 起跳期間兩臂的擺動與呼吸的配合非常重要

☑ 跳躍後至落地時，雙腳必需要齊起齊落

☑ 在立定跳遠之後，考生要保持站立在落地的位置，讓考

官量度有關距離

☑ 立定跳遠的計算方法是由開始的白線起計，直至考生落地後腳踭位置的距離

☑ 考生身體的任何部份如果在跳躍期間曾經接觸地面，考官就會以該接觸的距離計算成績

☑ 考生在此項體能測驗前，可以獲得一次試跳的機會，之後測驗才會正式開始

同海關網頁短片中的示範稍有不同，考生是會於室外的沙地池進行「立定跳遠」。

而跳的時候是會站立於木板上面，因此大家會有擔心跣腳的可能。考生會有得試跳一次，之後就正式跳！

考生如果在第一次正式跳就已經成功，就會以這個紀錄為準。考生如果在第一次跳並不成功，則會有多一次機會，如果再跳依然不成功，就會被淘汰出局。

備註：

(1)：「立定跳遠」此項測試，主要要求考生腿部的爆發力以及腰腹部的力量，並且包括全身的協調性、平衡力，當然還有動作上的技巧。

(2)：考生在「立定跳遠」此項測試，跳完之後如果未能企穩、失去重心跌在地上，考官就會與一般跳遠比賽的計算方法一樣，只計算你身體最近起跳點的距離，而不會理會你是如何跌在地上的。

第 4 項體能測驗──800 米跑

最後的「體能測驗」就是 800 米跑，跑 800 米的試場是於室外，大約需要跑 3 個圈多少少就等於 800 米。

雖然是在室外跑 800 米，但場地的條件是達到標準之水平，絕對適合作跑步的用途。落雨是依然會在室外跑 800 米的。

備註：考生在參與「體能測驗」當日，記得帶備以下之物件：

- 水
- 毛巾
- 底衫
- 身份證
- 學歷證書（要正、副本，並且應分開擺放）
- 一張相片（相片背面需要寫有自己的姓名）
- 《基本法》測試成績的信件

如果投考人能夠順利通過「體能測驗」之後，會立即被安排參加「遴選面試」，期間會給予投考人約 5 至 10 分鐘時間換衫，所以是沒有時間讓投考人沖涼。

在遴選程序以及過程之中，均是「先到先得」，意思即是投考人如果「早到」，就會安排此名投考人先考「體能測驗」。

原因是過去因為有許多投考人，均會提出不同的藉口而表示遲到出席「體能測驗」，當中例如：塞車、無車、鬧鐘壞了、記錯時間等等。

所以當招募組發現有投考人遲到出席「體能測驗」，就會「毫不猶豫」立即安排「早到」的投考人先考「體能測驗」。

備註：
投考人士如果沒有收到邀請出席「體能測驗」的信件，再加上當所有考生均已經完成「體能測驗」，而且海關亦於部門的網頁內登出通知表示：「邀請信出席體能測驗的信件已全部寄出」，該投考人士即是已經於 Day 1（第一關）的「能力傾向測試」中被淘汰出局。

【小資訊】

體能訓練必備

投考「海關關員」人士，可參考以下訓練資訊，以應付「體能測驗」之準備！

1. 立定跳遠

「立定跳遠」是一項腿力的測驗。各類跳躍練習都可以提升腿力，而與下肢有關的肌肉訓練都是提高腿部力量的良好方法，例如「深蹲」或以器械輔助進行「坐腿撐」及「坐腿伸」等腿部訓練。

2. 穿梯

「穿梯」是一項身體敏捷度的測驗。「穿梭跑」、「50米短跑」及「俯臥撐」都是提高身體敏捷度的良好訓練方法。考生要提升在「穿梯」項目中的表現，可以多做上述運動。在正常情況下，如果考生能夠在 12 秒內完成來回 10 米距離的穿梭跑兩次，便有機會在這項目中取得理想的成績。

3. 靜態肌力測試：

「靜態肌力測試」是一項包括上臂、肩膊、腿部及背部的力量測試，以四個測試所得力量的總和計算得分。考生要提升在這項測試的表現，可以多做以各大肌 肉組群為對象的肌肉訓練，例如上臂、肩膊、腿及部背部等肌肉。在正常情況下，如

果考生能夠從立定位置跳得 175 厘米的距離及能夠做到 19 次掌上壓，便有機 會在這項目中取得理想的成績。

4. 800 米跑：

「800 米跑」是一項混合「有氧耐力」及「無氧爆發力」的運動能力測驗。如果考生要提升在「800 米跑」的表現，可以多做跑步運動，而以「中快」的速度進行中距離（800 米至 1600 米）的跑步練習是有效的訓練方法。

＊資料來源：香港海關網頁 http://www.customs.gov.hk/tc/about_us/recruitment/customs_officer/process/physical/index.html

Day 2（第三關）遴選面試

第三關的「遴選面試」一般會與「體能測驗」同日舉行，當考生順利通過上乇的「體能測驗」後，就會被安排參加下午的「遴選面試」。

考生要先完成「體能測驗」的 4 項測驗，考生必須於每個測驗項目之中最少獲得 1 分，即 4 個測驗項目合共取得 12 分或以上才算體能合格。總括而言，「體能測驗」會比想像中容易得多。

合格的考生之後就要立刻去換衣服，因此建議考生帶備毛巾和底衫更換。然之後會上二樓；而負責招募的海關同事會檢查考生的檔案以及核實相關的文件。因此考生必需要帶其會考、高考、中學文憑考試（DSE）的證書，而且證書是包括「正本及副本」。

如果考生曾經取得公務員事務局－綜合招聘考試及基本法測試（Common Recruitment Examination〔CRE〕and Basic Law Test〔BLT〕）的合格成績，考生亦需要帶同成績通知函的「正本及副本」。

考生除了帶同有關於成績通知函的「正本及副本」之外，遠有需要攜同一張相片，並且需於相片後面寫上考生編號以及考生姓名。而椅上另有一張表格，亦都是要求考生寫上考生編號及以考生姓名。

當負責招募的海關職員檢查了考生下列文件之後，考生就會開始等候：

1. 會考、高考、中學文憑考試（DSE）的證書的「正本及副本」

2. 相片

3. 表格

等了大約半小時之後，就安排入面試室「遴選面試」。（備註：在面試室大部份由三位男性考官組成），而我參與的考試，三位考官之中有兩位是亞 Sir，而另一位則是 Madam，面試全程均是用廣東話，歷時大約 20 至 25 分鐘，以下是面試過程中的問題：

1. 兩分鐘自我介紹

2. 從過去的工作之中，學到甚麼的經驗？

3. 在工作當中，曾經遇上最難忘的事情？

4. 點解會投考「海關關員」的職位？

5. 為投考「海關關員」此職位，做了甚麼的準備？

6. 你有甚麼特質又或者個人之處，要我請你呢？

7. 海關的「使命」是甚麼？

8. 海關的「主要職務」是甚麼？

「遴選面試」的評核準則

假如你希望加入「海關」成為「關員」，你必須通過「遴選面試」。在「關員」的遴選面試過程之中，面試委員會會根據以下各項才能，審慎地考核各投考人，而當中的評分總則包括有：

(1) 主動性〈Initiative〉

(2) 自信心〈Confidence〉

(3) 誠信〈Integrity〉

(4) 溝通與表達能力〈Communication and Expression〉

(5) 團隊傾向性〈Team Orientation〉

(6) 面向變革的適應性〈Adaptability towards change〉

(7) 廣東話語言能力〈Oral Presentation：Cantonese 〉

三位考官會根據考生在「遴選面試」中的表現，觀察考生在上述 7 項評核中主要表現出的能耐和潛質，並且分別在個別才能評核準則中給與適當的評分，而表現極差之考生會給予 0 分，至於表現極出色的則可以獲得 10 分滿分之評分，而整個「遴選面試」的合格分數為 5 分。

考生應要注意的地方是其必須在每一個環節之中的評核均獲得合格分，即 5 分或以上，才可以通過「遴選面試」。因此假如考生在上述其中之一項才能評核取得低於 5 分，則無論該

名考生的其他才能評核如何出色，甚至取得 10 分滿分，其最終亦會未能通過「遴選面試」。因為「遴選面試」的計分方法是不會用「拉 curve」（即調整分數）的方法。因此考生無論如何必須要作出全面的準備，從而在各項目的才能評核之中，均應取得合格以及最佳成績。

「自我介紹」注意事項

「自我介紹」的規則：

投考「海關關員」的人士會在「遴選面試」程序之中，須要以廣東話作出大約「兩分鐘」的自我介紹。

而「自我介紹」的鋪排應要有條不紊，內容應要切合考生的學歷、個人背景和工作經驗，還要符合考官的期望，從而令到考官留下一個良好的第一印象。

如果想要做到盡善盡美，在此建議考生可以根據以下「六大方向」去作出準備：

1. 投考「海關關員」的原因
2. 適合投身「海關」的質素
3. 學歷
4. 工作背景
5. 個人家庭
6. 專長

而「自我介紹」完畢後，考官會繼續向投考人士發問數條與「自我介紹」又或者「自身」有關之問題。

雖然「自我介紹」只是遴選面試當中的第一條問題，但是經常令考生誤解並且感覺只是屬於熱身之題目，而這一段面試的開場白，反而是整個面試關鍵的第一步以及一個重要環節。同時亦是「遴選面試」評核的重要指標之一。

因為在此大約兩分鐘的「自我介紹」裡，其實就已經可以展示出考生對於加入「海關」成為「關員」有多少的熱誠、潛質和能力。

而在短短120秒的「自我介紹」內，考生應要學會如何恰到好處地把自己推銷出去。並且針對自己的「優點」充分發揮出來。令到考官留下深刻的印象，而且還要即時對你引起興趣。

「自我介紹」該做哪些準備呢？

「自我介紹」有什麼問題值得關注呢？

在如此短短的120秒內，考生究竟應該如何展示自己呢？

首先在「兩分鐘」的時間分配上，考生應該將「自我介紹」分為以下三個階段：

　　第一階段——考生可以簡單地講述年齡、家庭、學歷、工作等基本的個人資料。

　　第二階段——考生必須要講出投考「海關關員」的原因，並且建議你可以用以下「列點」的方法去作出演繹，例如：
　　（投考海關關員的原因1）維持治安、執行法紀：「……」
　　（投考海關關員的原因2）服務市民、實踐抱負：「……」
　　（投考海關關員的原因3）回饋社會、關懷社群：「……」
　　詳情請參閱以下之例子。

　　第三階段——考生可以講述自己的「優點」、「缺點」、「適合投身海關關員的質素」又或者未來在海關的「抱負、目標」等。

　　能夠作出良好的時間分配，絕對可以突出考生個人的「優點」，並且讓考官產生好感。而想達至這種「特別效果」，往往就是取決於考生在遴選面試之前的準備工作究竟做得好與壞了。

如果考生事先分配了「自我介紹」的主要內容，並且分配了所需時間，抓住這「兩分鐘」，考生就能夠得體地表達出其「自我介紹」。

而在「實戰」之情況中，這個看似很簡單的問題——「自我介紹」，其實大部份之投考人士，往往並了解其重要性，導致未能有效發揮其功能以及影響力，因而錯失良機。以下是「遴選面試」中，經常出現的負面情況：

情況（1）：有一些考生，往往只是「平平淡淡、毫無特點、沒有特色」甚至「雜亂無章」地只是介紹自己的姓名、年齡、學歷，其後亦都只係可能再補充一些有關於自己的工作背景等資料；然後於大約 1 分鐘左右之後就結束了「自我介紹」，然之後目瞪口呆地望著考官，等待主考官的提問。其實這是相當的錯誤，並且白白浪費了一次向考官推薦自己的寶貴機會。

情況（2）：有另外的一些考生，則「企圖」又或者「意圖」將自己的全部經歷、資料，例如：「投考海關關員的原因」、「適合投身海關的質素」、「個人家庭」、「學歷」、「工作背景」、「專長」等六大方向，都壓縮在這 120 秒之內，其實這也是錯誤的方法。因為適當地安排及分配「自我介紹」的時間，分清主次，突出自己的重點例如「投考海關關員的原因」才是首先要考慮的問題。

「自我介紹」應做 / 不應做：

〔應做〕

1. 必需要在事前作出準備，並且不斷練習和改良，甚至找朋友進行模擬練習。

2. 避免使用書面語言的嚴整與拘束，應該使用日常用的口語進行組織及練習。

3. 字眼及用詞應該加以修飾避免不雅。

4. 應該多講「正面」說話，而不應該講述「負面」的訊息。

5. 自我介紹時應要突出「優點」和「長處」，並且引用具體事實與實際之例子，例如講述工作經驗與成就之時，應該嘗試引用自己曾經擔任過的工作項目、職務範疇，從而證明你有領導材能的「長處」。

6. 如果你是剛剛畢業的學生，你亦可以嘗試引用例如老師的評語來支持自己描述的「優點」等。

7. 自我介紹時講述自己的「優點」後，如有需要又或者根據考官的要求而需要講述自己的「缺點」時，應要以「不影響投考海關成為關員」及「避重就輕」為大前提。並且要強調自己如何克服這些「缺點」的方法及如何去改善自己的「缺點」。

8. 「自我介紹」時應該要注意聲線，盡量讓聲調聽來流暢自然，令自己充滿自信。

〔不應做〕

1.「自我介紹」時應避免自吹自擂、誇大自己、言過其實、空口講白話、說得完美無瑕,甚至企圖欺騙面試的考官。

2. 至於與面試毫無關係的內容,即使是你認為引以為傲的事情,你亦應該要忍痛捨棄,切記不可胡亂作為「自我介紹」之用途。

3. 切忌以背誦以及朗讀的方式介去進行「自我介紹」。

4. 在「自我介紹」時要調適好自己的情緒,避免面無表情、語調生硬又或者在談及「優點」時眉飛色舞、興奮不已。

5. 最後,也是最重要的一點,那就是不要因為「錢」、因為「人工高、福利好」而投身海關成為「關員」。

【例如】：

- 以我的學歷能夠賺到萬多元嘅收入，是相當之豐厚。

- 我好需要「關員」呢份收入穩定既工作，去維持同改善屋企嘅環境。

- 因為媽媽需要獨力擔起成頭家，所以我好希望加入「海關」成為「關員」減輕佢嘅負擔。

- 我希望可以找到一份安穩的「關員」工作，去照顧家人和減低家庭辛苦的壓力。

- 加入「海關」係為咗減輕屋企負擔，所以我需要「關員」呢份工作。

- 加入「海關」能夠比到我同我家人一個更好嘅生活保障和承擔。

- 加入「海關」因為工作穩定，人工高、福利好，又有宿舍。

- 加入「海關」因為人工高、福利好，依份人工足夠我可以照顧做地盆散工嘅爸爸同失業嘅媽媽，而且可以同我的女朋友結婚，建立一個穩定嘅家庭。

- 加入「海關」之後，「關員」嘅薪酬足夠我照顧同供養父母，以及我將來成家立室的時候，都可以依靠這份薪酬去維持生活所需，而且「海關」設立咗好多福利，呢啲福利可以令我更加投入工作，分擔我對家庭嘅憂心同顧慮。

- 因為「海關」薪酬高、福利完善，使我有能力好好照顧家人，這是我基本層面上所需要嘅嘢。另外，「海關」有優質嘅訓練平台，良好嘅晉升梯楷、工作種類亦多樣化，有裨益於我日後事業上之發展。

- 由於中學文憑考試（DSE）的成績唔太理想，再加上自己屋企既經濟情況，難以負擔起昂貴的學費，所以我被逼暫時放棄學業，於是決定投身「海關」。

注意：考生如果在「自我介紹」之中，往往只是提及因為「錢」、因為「人工高、福利好、有宿舍」而投身「海關」，這樣絕對只會帶來反效果，甚至在考官面前留下不良的壞印象。

在投考「海關關員」的遴選面試時，考官經常會問考生這一條問題：「請講出你的『優點』和『缺點』」。

對於回答此類問題時，考生應該要根據其個人性格、獨特的專長、有針對性地回答。

考官必問——個人「優點」

考官問投考者有關於「優點」這個問題，當中主要是有 2 個原因：

（1）：判斷考生是否真實地表述其自己的「優點」。

（2）：考生所表述的「優點」，是否就是「海關關員」這個職位所需要的素質。

考官必問——個人「缺點」

在遴選面試時，考生如果因為提及的「缺點」，會令到考官不想聘用你為「海關關員」，那麼其實一切都是白費！

所以建議考生表述的「缺點」，應該以「不影響投考海關成為關員」及「避重就輕」為大前提。並且只表述一些對投考「海關關員」影響不大的「小缺點」，還有應該運用說話技巧，將「小缺點」變成為「優點」，從而令到考官認同你所提及的「小缺點」並會影響未來擔任「海關關員」所處理的日常職務。

面試前的準備工作

（1）：考生在出席「海關關員」的遴選面試之前，就應該要好好地分析自己的條件，並且列出自己的 3 個「優點」及「缺點」；

(2)：然後應該要為每個「優點」及「缺點」找出相關的實際例子，而且最好取材自學校、工作和生活等三個方面；

(3)：而在這 3 個「優點」及「缺點」，應該要與「海關關員」的職務 / 工作最吻合的。

以下是考生經常用於遴選面試時所述的「優點」及「缺點」，在此供讀者作為參考之用：

一般人擁有的優點

1. 有禮貌	26. 有勇氣
2. 有紀律	27. 有愛心
3. 有恆心	28. 有鬥心
4. 有耐性	29. 有毅力
5. 有效率	30. 有責任心
6. 有自信心	31. 有同情心
7. 有同理心	32. 有使命感
8. 有幽默感	33. 有冒險精神
9. 有組織能力	34. 有領導才能
10. 懂得易地而處	35. 喜歡幫助別人
11. 平易近人，易於與人溝通	36. 重視團隊精神
12. 關心弱少社會、服務社會	37. 關心社會及時事
13. 具有主動性	38. 處事嚴謹
14. 能夠刻苦耐勞	39. 對工作有熱誠
15. 喜歡 Team Work 的工作	40. 守時
16. 善良	41. 細心、耐心
17. 樂觀、開朗	42. 獨立、外向
18. 積極、進取	43. 機智、聰明
19. 誠懇、坦白	44. 公正、無私
20. 願意承擔責任	45. 擁有應變能力
21. 擁有創新的思維	46. 良好的觀察力
22. 良好的表達能力	47. 良好的溝通技巧
23. 良好的人際關係	48. 良好的寫作技巧
24. 能夠操流利的兩文三語	49. 擁有正直及誠實的品格
25. 勇於面對任何逆境及難關	50. 能夠虛心接受他人的批評

一般人擁有的缺點

1. 感性	12. 貪玩
2. 慢熱	13. 年齡大
3. 人生經驗不足	14. 工作經驗較淺
4. 工作過份認真	15. 工作過份嚴謹
5. 為人比較嚴肅	16. 為人比較文靜
6. 好勝心強	17. 要求過高
7. 墨守成規	18. 感情用事
8. 固執、執著	19. 堅持、硬頸
9. 體能比較弱	20. 容易相信別人
10. 不懂得游泳	
11. 語文能力比較差（例如：英文、普通話）	

以下是絕對不可以「使用」的「致命缺點」

1. 幼稚	21. 任性
2. 怕羞	22 耳仔軟
3. 愛記仇	23. 愛鬥氣
4. 愛逞強	24. 無紀律
5. 虛榮心重	25. 自尊心強
6. 貪生怕死	26. 好管閒事
7. 好勇鬥狠	27. 脾氣暴躁
8. 性格衝動	28. 性格孤僻
9. 為人懶惰	29. 我行我素
10. 獨斷獨行	30. 自私自利
11. 自作聰明	31. 自視過高
12. 自以為是	32. 有勇無謀
13. 沒有主見	33. 沒有耐心
14. 逃避困難	34. 意志薄弱
15. 反應緩慢	35. 心胸狹窄
16. 好高騖遠	36. 容易緊張
17. 鑽牛角尖	37. 愛恨分明
18. 表裡不一	38. 優柔寡斷
19. 猶豫不決	39. 意志薄弱
20. 入世未深	40. 做事三分鐘熱度

錯誤例子：

（1）：亞 Sir，我的「缺點」就是太熱愛工作以及比一般人勤力。（此答案會讓考官覺得投考者自以為是）

（2）：亞 Sir，我覺得我是沒有「缺點」的。（此答案會讓考官覺得投考者缺乏自我檢討）

（3）：亞 Sir，我的「缺點」就是不懂得做家務。（此答案投考「海關關員」的工作是風馬牛不相及的）

總結「缺點」的解拆：

考生在招聘「海關關員」的遴選面試中，表現出對自己的「缺點」一無所知、答非所問、過度自卑或自吹自擂，是最令考官失望的；而且亦很難獲得聘任。

一個人有「缺點」並不可怕，可怕的是大部份的考生並不敢承認它、正視它以及改正它。而從另一角度來看，「缺點」、「優點」其實是可以相互轉化的，因為有些「缺點」對某一些種工作而言，原來亦都是「優點」。

例如考生表述的「缺點」是「墨守成規」，意思是指思想保守，跟隨著舊規則不肯改變。雖然表面上看似是一樣負面之事情，但係「海關關員」的工作，就是需要根據法例、指引而執行，因此考生能夠「跟隨著舊規則」工作，反而變成了「優點」。

提提你

由「體能測驗」直至完成「遴選面試」，過程整整用了大約 4 個多小時，面試完畢之後就可以離開，然之後回家等消息。

接獲「Waiting List」信件

如果考生能夠成功通過「遴選面試」這個大難關，並且能夠脫穎而出。其大約會於半個月至一個月內，就會收到海關「Waiting List」的信件，至於實際所需的時間，則會視乎成功通過「遴選面試」的投考者數目以及當時之實際情況而有所不同。

如果考生收到「Waiting List」的信件，亦即是表示其已經成為「被考慮之列」，但「被考慮之列」的信件內文亦同時註明，雖然考生已經進入「Waiting List」，但並不是代表「海關」已經錄取以及聘請了你做「關員」。

而「Waiting List」的信件上，亦會註明一個有效日期，通常是一年又或者是下次出招聘廣告的日子為限期。

如果考生已經過了其中的一個有效日期，即表示該考生已經自動被脫離「Waiting List」的行列，而需要在下次招聘再次申請「關員」之職位。

　　海關發出「Waiting List」的信件與考生有許多原因，而當中包括：

　　（1）：由於海關的招募組及海關訓練學校有特別原因，未能即時安排成功的考生入班。

　　（2）：由於海關的招募組及海關訓練學校預計聘請的人數，高於學堂所能夠負荷，於是需要將成功的考生，安排分批入班。因此除了最高分數的成功考生入了第一班之外，其他成功的考生均被列為「Waiting List」，並且均會收到海關發出「Waiting List」的信件。

　　（3）：海關的招募組預留作後備之用途，從而應付將來可能發生的事情，例如：有學員在海關訓練學校訓練初期受傷，招募組就會立即聯絡「Waiting List」內，最高分數的成功考生，並且安排其立即入學堂。

　　如果「Waiting List」內最高分數的成功考生拒絕加入香港海關，那麼招募組就會聯絡「Waiting List」內下一位高分數的成功考生，如此類推的方式找人。

　　（4）：有人表示，聲稱如果收到海關發出的「Waiting List」信件之後，可以致電打去招募組，查問自己排第幾名。

　　不過我個人認為及覺得知悉排第幾名是沒有用處。因為除非你能夠知悉現時有多少人已經在學堂受訓，以及海關於今個財政年度實際會招聘多少人。

海關關員之品格審查〈Vetting〉

　　在通過之前三關遴選的考生，之後會後收到招募組的電話，安排做品格審查〈Vetting〉。而為避免錯失機會，考生在收到上述「Waiting List」的信件後，請須特別留意你的手提電話，以確保能夠收到招募組的來電。

　　成績最高分的考生，應該最快會在全部考生均完成「遴選面試」後的三至四個星期左右，就會接獲招募組的來電，預約到總部，填寫一份入職政府部門時所需的「一般品格審查表格」（G.F.200），亦即是俗稱的「三世書」。並且會安排你簽一些「聲明」以及「同意書」。期間招募組會再次核對以下的資料：

　　（1）：**核實考生第一次交給招募組的資料**，例如：更新考生的職業是否有變、學歷是否有進階。而考生所提供的任何資料，均需要自備正、副本。

　　（2）：**查核考生的刑事紀錄**，即是俗稱查案底，海關的招募組會要求考生簽一封「同意書」，授權海關向警務處的刑事紀錄科〈Criminal Records Bureau-CRB〉查核該考生的刑事紀錄。

（3）：查核考生的借貸審查

首先考生需要申報所有的借貸記錄，總之任何形式的借貸，均需要申報並且填寫得非常詳細，例如：

- 現時向銀行的各類借貸或透支、各項財務公司或機構的貸款、任何形式的借貸等。當中需要寫上銀行或機構的名稱，借款總額，借款原因，分多少期清還，每期還款額，還了多少錢，截止現時尚欠多少期及多少貸款未清還等等。

- 現時持有的信用咭，信用咭是否會每月還清結欠，若果未能每月還清結欠，只是還「最低還款額」則需要寫上解釋。

- 現時持有的信用咭，是否有分期付款項目，如果有就需要寫上購買的物件，物件的價值、數量，分多少期清還，每期還款額，還了多少錢，截止現時尚欠多少期及多少錢未清還等等。

- 有否在學生資助辦事處〈Student Financial Assistance Agency〉申請任何資助或貸款？如果有就需要連同學生資助辦事處資助或貸款文件、最新季度結算的「正本及副本」一併提交給品格審查組。其實借學生資助辦事處的貸款讀書是沒有任何問題，關鍵是還款問題，考生是否有根據指引，於畢業後四年內，每三個月一期，分十六期全數清還所有貸款及利息。〈考生應該明白「欠債還錢、天公地道」，而「欠債不還錢，就可以看清一個人啦。」〉

- 現時持有的儲蓄戶口詳情。

- 品格審查〈Vetting〉過程中，需要帶齊各類借貸文件、所有的月結單的「正本及副本」，如有遺失，考生應盡快補領，否則會有可能影響考生入班。

（4）：查核考生的工作記錄

品格審查組會要求你簽一封同意書，目的是 Fax 返去你現在又或者之前工作的公司，然之後要求該公司填寫一份由海關的品格審查組所提供的表格，表格內主要要求你現在又或者之前的僱主、上司、管理層，填寫有關於你在工作期間的行為以及操守，如果有任何附加的意見，其亦可以在表格上補充以及寫下有關資料又或者事件。

由於品格審查組會 Fax 品格審查表格去你現在又或者之前工作的公司，因此你投考「海關關員」一事就會被揭發，而你的老闆、上司、管理層、同事就會知悉你有異心，如果是「無良僱主」，之後可能就會用盡一切手段讓你灰飛煙滅！但是最重要是海關並唔係一定會聘請你的，如果好彩的考生等沒多久就可以入學堂，但亦有考生捱了超過一年才入班呢。

（5）：Conditional offer〈有條件錄取通知〉

如果考生能夠成功通過品格審查〈Vetting〉，招募組已經預咗聘請你，咁就會比一個 Conditional offer〈有條件錄取通知〉比你。而呢個「條件 Condition」就係安排你做 Body Check〈體格檢驗〉。

招募組會先致電話聯絡考生，如果考生口頭承諾加入「海關」，並且接受 Body Check〈體格檢驗〉這個「Offer」。

然之後招募組就會首先口頭通知考生，那天去 Body Check〈體格檢驗〉，其後再用電郵發信通知你，要求你準時出席 Body Check〈體格檢驗〉。

基於有太多人競爭「海關關員」此職位，所以如果招募組致電給你，你就需要即時回答是否想要這個「Offer」。

因此當你完成品格審查〈Vetting〉之後，就應該仔細地想一想，如果招募組比一個 Conditional offer〈有條件錄取通知〉比你。

你是否願意接受這個「Offer－Body Check〈體格檢驗〉」呢？

你是否願意加入「海關」成為「關員」呢？

(6)Body Check〈體格檢驗〉

最快會安排考生在完成品格審查〈Vetting〉後半個月左右做 Body Check〈體格檢驗〉，而亦有考生要等一年有多才被安排做 Body Check〈體格檢驗〉。總括而言，考生於入學堂之前的一個月左右，就會安排你到「體格檢驗承辦商」做 Body Check〈體格檢驗〉。

而在 Body Check〈體格檢驗〉過程中，負責檢驗的「體格檢驗承辦商」之醫生，會為你進行以下的檢驗程序：

1. 查詢你的全面病歷記錄，包括過去的病症、外科手術、損傷、殘疾、藥物史、過敏性、吸煙和飲酒習慣，以及現時健康狀況和家族遺傳性疾病歷史；

2. 進行徹底的身體檢驗，包括量度體重、身高和血壓；

3. 檢驗皮膚、淋巴腺、甲狀腺、心臟、胸部、腹部、四肢、脊柱、神經系統；

4. 對語言、智力、聽覺、視力和色弱等進行評估；

5. 抽取尿液測試蛋白素和糖份；

6. 進行胸部 X 光檢驗；

7. 照心電圖；

8. 抽取血液測試血色素、梅毒及乙型肝炎；

備註：驗眼分為兩部分，第一部分檢驗「色盲」及「色弱」，第二部份檢驗近視。

第一部份檢驗「色盲」及「色弱」：

「色盲」會分為「全色盲」和「部分色盲」（即紅色盲、綠色盲、藍黃色盲等）。

「色弱」會分為「全色弱」和「部分色弱」（即紅色弱、綠色弱、藍黃色弱等）。

「體格檢驗承辦商」之醫生，會利用「色盲」及「色弱」測試圖作為檢驗考生之用， 以下是「色盲」及「色弱」測試圖之參考圖片：

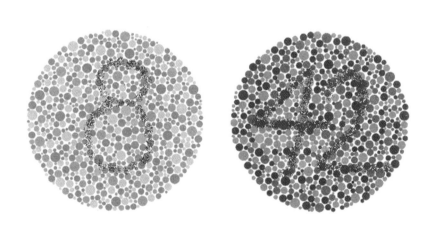

第二部份檢驗近視：測試會利用「E字視力測試表」進行，視力檢查時建議考生應該注意：

- 放輕自己
- 不應該眯著眼睛看視力測試表
- 只是輕力遮蓋另一隻眼，並不是用力壓著另一隻眼
- 不應該嘗試用另一隻眼協助看視力測試表
- 不應該嘗試猜測，只要覺得「E字」向哪一邊就應該直接說出來

右圖是招募「海關關員」程序中，Body Check〈體格檢驗〉期間所使用的「E字視力測試表」

（7）：作出聘任

當考生能夠順利通過 Body Check〈體格檢驗〉之後，招募組就會致電聯絡你作出聘任，並且會相約你於某天去度身造制服。電話聯絡後，就會寄信給你確認此事。

度身造制服那天會有其他與你一起入班的學員，重會有可能見到你的教官，當然會視乎實際入學堂的人數，如有需要，可能會分開日子而安排度身造制服。

（8）接受海關訓練學校訓練

正常情況之下：招募組致電聯絡你作出聘任後，大約會有一個月左右的時間給你向公司辭職，然後準備入學堂接受訓練。

特殊情況例子：假如原本有人已經安排好了入學堂接受訓練。但基於各式各樣的私人原因及理由、例如：加入其他紀律部隊、政府部門、私人機構、離港、受傷、患病等。招募組就會立即從「Waiting list」之中，補選一名侯選人安排入學堂，而在此特殊情況之下，就會導致不足一個月的通知期。

於入學堂之前，學員必須要剪髮以及穿著合適的衣服，而有關的標準以度度身造制服那天，由教官展示給你看的那個版本為準則。

（9）Rejection Letter

當海關的招募組已經從「Waiting List」的人選之中，聘請了足夠的人手之後，就會向「Waiting List」內剩餘的人選發出「Rejection Letter」，當招募組發出「Rejection Letter」後，海關的網頁亦會發出公告表示：「招聘程序已經完畢，如沒有收到有關通知，即作不獲考慮」等字眼。

在招聘「海關關員」的遴選面試裡之「十大」要訣：

第一要訣：模擬筆試〈找「能力傾向測驗」的書本／題目進行模擬練習〉

第二要訣：背熟 Basic Law〈基本法測試〉

第三要訣：操 Fit 體能〈利用各種運動方式鍛煉體能，從而達到體能測驗應有之水平〉

第四要訣：修整外型〈修剪頭髮、剃鬚、穿西裝；儀容務必要整潔〉

第五要訣：準時出席〈考生最好是提早 30 至 45 分鐘左右到達試場〉

第六要訣：知己知彼〈知己：第一印象非常重要，而出色的「自我介紹」就是贏在起跑線；知彼：考生應要溫習有關海關的知識，例如：組織架構、部門職務、法例等〉

第七要訣：熟悉時事〈培養每天閱讀報紙的習慣，並留意時事以及與海關有關的新聞〉

第八要訣：出盡法寶〈面試過程中，考生應要出盡法寶，施展渾身解數，務求爭取最好的成績〉

第九要訣：謙恭有禮〈面試時，考生的態度必需要謙虛恭敬，要有禮貌，Yes Sir、No Sir、Sorry Sir 唔少得〉

第十要訣：誠心感謝〈面試完畢時，應要誠心感謝，多謝考官的接見，記得要講 Thank You Sir、Goodbye Sir〉

【資料室】

2005 年至 2014 年海關招募職位的情況

2005 年度	當時共有 4,088 人爭奪海關「督察」的空缺，當中包括 3,105 名男考生以及 983 名女考生。而投考海關「關員」共有 12,000 千多人，其中男性佔 7,800 多人，女性佔 4,400 多人。
2006 年度	當時共有 8,914 人爭奪 431 個「關員」的空缺，即平均約 20 人爭奪一個「關員」之職位。而此 8,914 人之中，經過「能力傾向測驗」之後，只餘約 3,400 人；而再經過「體能測試」之後，只剩下約 1,900 人通過並且進入「遴選面試」，競爭非常激烈。
2007 年 10 月	當時共有 148 位「關員」，經過 20 週嚴格訓練後順利畢業，而畢業學員之中，只有 8 位是女學員，其中 3 位女學員則獲選為「最優秀學員」，除此之外，學員之中佔有四成擁學士學歷，另外有兩人擁有碩士資歷。
2009 年度	招聘 80 名「關員」及 35 名「督察」，以填補自然流失空缺。當中分別有 13,800 名考生申請「關員」以及 11,000 人申請「督察」這兩個職位，即平均約 172 人爭奪一個「關員」職

【資料室】

位，及平均有 314 人爭奪一個「督察」職位，當中更聘請了 1 名碩士生成為「關員」。

2010 年度　招聘 60 名「關員」及 15 名「督察」，以填補自然流失空缺。

2011 年度　招聘 300 名「關員」及 100 名「督察」，以填補自然流失空缺。

2012 年度　招聘 170 名「關員」以填補自然流失空缺。

2013 年度　招聘 200 名「關員」及 70 名「督察」，以填補自然流失空缺。

2014 年度　招聘 200 名「關員」、60 名「督察」、及 20 名「助理貿易管制主任」以填補自然流失空缺。

歷年海關預計各級退休人數

職系	監督	督察	關員
2014 年	13 人	24 人	116 人
2013 年	11 人	16 人	77 人
2012 年	11 人	16 人	54 人
2011 年	12 人	15 人	42 人
總數	47 人	71 人	289 人
佔現有人手	45.6%	9.9%	8.2%

（資料來源：香港海關）

醒目貼士　　　　儀表及衣著宜忌

男考生儀表及衣著宜忌

宜	忌
得體、成熟、穩重、專業	輕佻、浮躁、幼稚
老實的感覺	入世未深、形象古怪
整齊髮型（短髮）	染金色頭髮
緊記剃鬚	蓬頭垢面
緊記剪指甲	留長手指甲
不可配戴耳環 （有耳孔也會扣印象分）	耳環
手錶	奇形怪狀手錶
深色西裝	忌 T 恤、牛仔褲、短褲
深色有圖案領呔	標奇立異顏色領呔 （例如：綠色、紅色）
傳統有鞋帶皮鞋	波鞋、拖鞋及涼鞋
黑色襪	白襪、波襪、船襪
公事包	太名貴及名牌子之物品（例 如：公事包）

女考生儀表及衣著宜忌

宜	忌
端莊、成熟、穩重、專業	輕佻、浮躁、幼稚
老實的感覺	入世未深、形象古怪
整齊髮型	染金色頭髮或短髮
基本化妝（淡妝）	濃妝艷抹
清淡味道香水（如有需要）	過濃香水
乾淨整齊	花枝招展
指甲整齊	油指甲或整水晶甲
手錶	奇形怪狀手錶
無首飾	佩帶太多首飾 （例如：耳環、介子、頸鏈）
深色行政套裝	穿太薄、緊身、性感的衣服。
大方得體為原則	切忌表露「港女」神態
空姐鞋	3吋高踭鞋／露出腳趾的鞋
公事包	太名貴及名牌子之物品（例如：手袋）

提提你

歷年體能測驗合格情況

	男考生合格率	女考生合格率
2005年	90%	26%
2006年	沒有資料提供	沒有資料提供
2007年	95.6%	36.2%
2008年	沒有招聘	沒有招聘
2009年	90.4%	37.5%

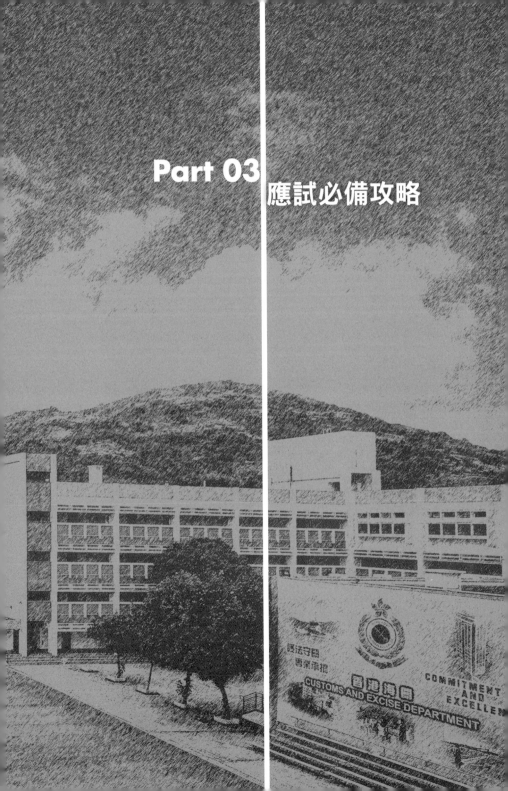

Part 03 應試必備攻略

「自我介紹」成功例子

三位亞 SIR 午安，我叫陳大文，今年 26 歲，今日我好榮幸可以嚟到「海關訓練學校」呢度，參與「海關關員」既入職遴選面試。

以下是我的自我介紹，而我會講出我投考「海關關員」的三個主要原因以及我個人的「優點」和「缺點」：

投考「海關關員」的三個主要原因：

1. 多元化的工作領域

經過這幾年的工作經驗，令到我明白現的工作可以學習和體驗到多元化的工作領域，並且接觸不同社會階層的生活環境。而我知道「香港海關」就是一份處於多元化工作環境的工作，所以我想我會適合「海關關員」這份工作。

2. 開拓視野

我亦希望我的終身職業是一份可以不斷開拓視野和挑戰自我的工作。因為我想不斷提升自己的能力令自己可以緊貼社會步伐，而「海關關員」這份工作正是每日都要面對無數挑戰的工作，而我正有挑戰自我的決心，所以我覺得我可以成為一個「海關關員」。

3. 幫助別人

在日常生活又或者義務工作之中幫助別人，已經能夠令到我非常之開心，如果同時在工作之中，亦都能夠幫助別人，我相信我一定會視為自己的終身職業。

而「海關關員」就是一份能夠直接服務以及幫助市民大眾的工作，所以我就到來投考「海關關員」，希望自己可以成為一位「海關關員」，服務市民大眾以及幫助到有需要的人。

我個人的優點：

1. 良好的應變能力

我做過批發公司嘅倉務主任，這些工作經驗令我習慣於壓力及限定時間內完成工作。而「海關關員」就要經常處理好多突發問題的工作，我相信我工作經驗可以令我比其他人更加快適應「海關關員」這份需要良好應變能力的工作。

2. 擁有團隊精神

我之前的工作，增強了我的領導能力和表達技巧，亦令我習慣團隊工作。我覺得這些能力，可以提升我嘅處事技巧，加快我融入「海關關員」這份團體工作。

3. 持續進修、終身學習

另外，我明白人一定要不斷自我學習同自我增值，先可以配合社會需求及跟上時代的步伐。所以我係讀完會考出來工作

五年後，我就再重拾書本再次讀書進修，並且先後完成文憑和高級文憑的課程。我相信憑我擁有的學習精神會令我更加容易投身「海關關員」這份需要不斷持續進修、終身學習的工作。

我個人的缺點：

1. 年齡大

我知道我的年齡比其他投考人大，但我相信我所累積的工作經驗、社會閱歷、人生經驗以及知識都會較其他人多。而我覺得如果我能夠成為「海關關員」，就是這些經驗和閱歷可以令我成為年輕「關員」的良師益友，而且大家還可以彼此互相成長。

2. 處事急進

我知道我個人比較處事急進，但是經過這幾年在工作上的磨練，明白到由於太衝動、急進反而做多錯多，並且惹出很多麻煩的事情。因此，我從而學會處事應要循序漸進、冷靜有序行事，做事不要急於求成。

最後我想講一下我的抱負：

如果我能夠成為一位「海關關員」，我希望自己可以幫助到更多市民，為社會出一分力，亦令我人生更加充實。

多謝三位亞 SIR ！

「自我介紹」失敗例子

相信各位投考人士均知悉「香港海關」的「期望、使命及信念」，我曾經見過有考生竟然不斷地將「期望、使命及信念」之字句，完全套用在其自我介紹之內，形成辭不達意，更甚是讓考官覺得你的組織能力、表達能力均有問題，以及是一位不經大腦的人。所以在準備你的自我介紹時，請不要再胡亂使用或套用「香港海關」的「期望、使命及信念」。

而以下就是「香港海關」的「期望、使命及信念」，以及考生套用了「期望、使命及信念」之自我介紹內文。

【失敗例子一】期望、使命及信念

我們的期望

我們是一個先進和前瞻的海關組織，為社會的穩定及繁榮作出貢獻。我們以信心行動，以禮貌服務，以優異為目標。

使命

保護香港特別行政區以防止走私

保障和徵收應課稅品稅款

偵緝和防止販毒及濫用毒品

保障知識產權

保障消費者權益

保障和便利正當工商業及維護本港貿易的信譽

履行國際義務

信念

專業和尊重

合法和公正

問責和誠信

遠見和創新

各位長官您好，早晨。我嘅名叫陳大文，今年 28 歲，今日我好多謝同埋好榮幸可以比個機會我嚟到參與「海關關員」面試。

由於我一直都好希望可以從事一份有意義嘅工作，所以我決定投考「海關關員」。

香港海關是一個先進和前瞻的海關組織，為社會的穩定及繁榮作出貢獻。而我認為「海關關員」係一份具有挑戰性、服務市民、回饋社會、幫助別人，以及具有使命感的工作。

除此之外，「海關關員」工作多姿多采，可以提供一個安

全嘅環境比市民大眾，保護香港特別行政區以防止走私、偵緝和防止販毒及濫用毒品、保障知識產權、保障消費者權益，維護本港貿易的信譽及履行國際義務，從而為社會的穩定及繁榮作出貢獻。

我覺得如果能夠成為一位「海關關員」，會比我自己好大嘅優越感。因為無論每一次行動，「海關關員」都會身先士卒為社會作出貢獻，例如：進行防止走私、偵緝和防止販毒及濫用毒品行動，令我感到好有意義。

我現在係機場保安，入職時已經要接受許多不同形式、種類之特別訓練，例如：步操、自衛術，搜查人身、搜查車輛、搜查行李技巧等。但是由於每日都會面對唔同嘅人，所以必須要以禮貌服務，以優異為目標。

機場保安日常工作係要保障機場安全運作，而我曾經負責工作是要檢查遊客、車輛以及行李，防止有人帶違禁品進入禁區，例如：爆炸品、攻擊性武器甚至毒品等等，日常職務與「海關關員」十分相似及類同。

在任職期間，上司因為覺得我嚴守紀律，凡事顯示出專業和尊重，處事合法和公正。經常提供遠見和創新的意見比上司。因此更加安排我去考 X 光機牌，要我每日均面對不同嘅保安測試。

機場保安呢份工作不單令我認識到來自不同紀律部隊的退

休前輩，每天從他們的經驗分享之中，對於日後做「海關關員」
都好有幫助。

　　我深信呢啲經驗、使命感及信念，應用係日後「海關關員」
出勤任務嘅時候，絕對可以準確地聽取指示，配合上司同同事
嘅工作情況而作出相應行動，令每次都以信心行動、達到順暢
無阻。

　　而我係生長係一個貧窮家庭，爸爸和媽媽已經退休，爸爸
退休前是地盤工人，媽媽休前是清潔工人。而弟弟是一位倉務
文員。

　　我同太太剛剛結婚，現時同父母、太太、女兒、弟弟一家
人一起居住在 XX 邨，而於三個月後，我的家庭就會再多新成
員，我會再次做爸爸。而我與前妻已經育有一名 3 歲大的女兒，
身為父親的我以及作為整個家庭的經濟支柱，我現在好需要一
份收入良好以及穩定嘅工作，去維持同改善屋企環境，所以我
全家人都十分支持我去投考「海關關員」。

　　而基於以上各點，我好有信心去應付今次「海關關員」入
職遴選面試，以上是我嘅自我介紹，希望各位長官聽完之後，
能夠揀我接受訓練，使我能夠成為「海關關員」其中一份子，
多謝三位亞 SIR ！

　　簡單來說，自我介紹是要盡量將投考「海關關員」的原因、個人優點突顯出來，但自我介紹的「上文下理」均應該要「貫徹始終」。

　　例如上述自我介紹之「上文」曾經提及：「香港海關是一個先進和前瞻的海關組織，為社會的穩定及繁榮作出貢獻。而我認為『海關關員』係一份具有挑戰性、服務市民、回饋社會、幫助別人，以及具有使命感的工作。」

　　但「下理」則透露：

　　「我同太太剛剛結婚，現時同父母、太太、女兒、弟弟一家人一起居住在 XX 邨，而於三個月後，我的家庭就會再多新成員，我會再次做爸爸。而我與前妻已經育有一名 3 歲大的女兒，身為父親的我以及作為整個家庭的經濟支柱，我現在好需要一份收入良好以及穩定嘅工作，去維持同改善屋企環境，所以我全家人都十分支持我去投考「海關關員」。」

　　假如你是考官，你會否覺得投考者是「上文不對下理」、「前言不對後語」，甚至只是為了「錢」、只是為了「改善其家庭的生活」才加入香港海關呢？

【失敗例子二】

以下是另外一篇投考「海關關員」的「錯誤版本」之自我介紹，原因是考生同樣套用了大量「期望、使命及信念」之句子在其自我介紹之內。

三位亞 SIR 午安：

首先我想講吓我嘅家庭背景，我爸爸係一位保安員，媽媽係酒樓的洗碗工人，家中有一位哥哥以及一位妹妹。

我中學會考之後，就開始做建築地盤工人，到依家已經做咗 4 年。

我當初係建築地盤只做一些基層嘅工作。後來靠自己不斷發揮專業精神達至精益求精，然之後再去持續進修、終身學習，最後終於攞到由「勞工處」所發出嘅「註冊安全主任」資格，然之後成為一名「地盤安全主任」，為香港市民服務，並且為香港社會的穩定及繁榮作出貢獻。

由於在建築地盤工作關係，我時刻均準備面對各種挑戰，永遠將「安全」同「保障生命財產」擺放係我嘅首位，並且致力提供專業服務比所有建築地盤工人。而且我哋公司亦都要求管理層，需要經常做防火以及逃生演習，避免受火災或其他災難侵害，提高建築地盤工人的消防安全意識。

　　因此令到我更加高度謹慎及觀察入微，不斷提供有遠見和創新的防火措施及防止火警危險的意見比公司，我覺得呢一樣，正正就係「海關關員」日常職責以及需要特質。

　　我本身擁有急救的資格，所以有一次在建築地盤工作期間，有一名地盤工人突然之間呼吸困難同抽筋，我就第一時間就為呢名地盤工人提供專業、快捷、有效的急救護理以及運送往醫院的服務。

　　在建築地盤工作係好講求同事之間嘅合作同溝通，要維持良好士氣和團隊精神，時刻準備面對挑戰、勇於承擔責任，所以令我了解到 Teamwork 嘅重要性。

　　我現在的職務是建築地盤安全主任，係要直接面對地盤工人嘅工作，日常均需要面對唔同形式、唔同種類嘅地盤工人，而且無論任何時侯都要以地盤工人安全為目標。因此，我從工作中，明白到待人接物是非常重要。所以能夠提高我嘅溝通技巧及應變能力，而我嘅英語及普通話能力亦都因此有所提升。

　　我鐘意挑戰自己、突破自己，所以對運動有一份堅持，例如：籃球、足球、排球、游泳、獨木舟、健身等等，從而提升我嘅意志。

　　我之前做過義工。我覺得幫人所帶獲得的滿足感同喜悅係同做「海關關員」嘅「期望、使命及信念」係一樣，而且「海關關員」係時刻都需要面對各種挑戰，勇於問責和有高度誠信，

　　我真係好敬佩佢哋，所以我想投考「海關關員」，務使香港成為安居樂業的地方。

　　我會視「海關關員」為我陳大文嘅終身職業，希望 3 位亞 SIR 比個機會我廣成為「海關關員」，多謝 3 位亞 SIR。

小貼士

自我介紹，如何脫穎而出，讓自己「贏」在起跑線？

　　自我介紹是遴選面試的起步點，亦是整個過程之中極為關鍵的第一步。

　　‧首先考生要有效運用約 2 分鐘的「自我介紹」作為破冰的手段，讓「考官」能夠快速地掌握「考生」的基本背景資料，並且從中找出可以延伸的考核問題。

　　‧「自我介紹」的內容要簡明扼要，盡量將重點放在「投身海關成為關員的原因」、「適合投身海關的素質」、「個人的專業／專長」、「優點」和「競爭力」之上。

　　‧應該嘗試將自己代入為一件產品，在「自我介紹」中化身為推銷員，將你這件產品的優點盡量推銷給考官，令到三位考官均留下一種與別不同的感覺以及深刻的印象。

　　總括而言，考生要好好把握短短 20 分鐘左右的面試時間，有效地表現自己的才能並給考官留下一個好印象。在面試前應首先作好全方位的準備，若然準備充足，自然自信心十足，便能事半功倍。

海關關員面試熱門問題

在招聘「海關關員」的遴選面試裡，考核的問題一般可以區分為以下 5 種題型，而考官希望能夠透過考生回應面試的問題，從中作出多方面的評估，並且分辨出真正優秀的考生，因此應該要好好把握這個黃金機會，在遴選面試過程中盡量表現自己：

第一種題型：自我介紹

第二種題型：自身問題

第三種題型：海關知識

第四種題型：時事問題

第五種題型：處境問題

第一種題型：自我介紹

這是「海關關員」的遴選面試中，考官最常向考生「出招」的第一條問題。在此建議考生在面試之前一定要做好準備，預先寫定講稿及重覆練習。

而「自我介紹」的鋪排應要有條不紊，內容要切合考生的學歷、個人背景和工作經驗，還要符合考官的期望，從而令到考官留下一個良好的第一印象。

如果想要做到盡善盡美，在此建議考生可以根據以下「六大方向」去作出準備，並且參考「自我介紹」的內容：

1. 投考「海關關員」的原因
2. 適合投身「海關」的質素
3. 學歷
4. 工作背景
5. 個人家庭
6. 專長

第二種題型：自身問題

備註（1）：考生於「自我介紹」完畢之後，考官通常會根據你所述的「自我介紹」，提問關於你的「自身問題」

備註（2）：同時考官亦會利用下列與考生息息相關的「自身問題」，測試考生是否經常作出自我檢討，發掘自己的「優點」、「缺點」、「人生觀」以及「價值觀」等，而且當考生遇上批評、遭受挫折以及工作有壓力時，能否達至鎮定自若、堅忍不拔，百折不撓的人格和積極的心態，從而判斷其是否符合、擁有擔任「海關關員」職位的素質。

- 你點解咁想做海關關員？
- 你認為海關關員需要有甚麼素質？
- 你覺得自己有甚麼特質，適合做海關關員？
- 你認為自己有甚麼條件，可以勝任成為一位海關關員？
- 你點解認為自己有足夠的能力，勝任海關關員這份艱巨的工作？
- 你上次投考海關關員失敗嘅原因？之後有否作出檢討以及點樣改進？
- 你覺得自己作出了那些準備，而投考海關關員此職務？
- 你點樣展示有投考海關，並且成為海關關員的決心？
- 你有否曾經投考其他紀律部隊？

- 你點解只是投考海關關員，而唔去投考其他紀律部隊？

- 點解我要請你？又或者點解海關要請你？

- 點解我要請你？比你諗一分鐘，然之後再答我？

- 你如果今次投考失敗，會有何打算？你會唔會再去投考其他政府工又或者其他紀律部隊？

- 你點解之前投考咗咁多政府部門及紀律部隊，現在才投考海關關員？是否已經揀無可揀？

- 你同其他考生相比，你覺得有何「優勝」之處？

- 你有甚麼「特別」，令到我要請你成為海關關員？

- 你有甚麼「優點」同「缺點」？每樣講 3 個？

- 你有甚麼「強項」同「弱項」？每樣講 3 個？

- 你有甚麼「缺點」，講其中 3 個「缺點」？

- 你有甚麼「不足之處」，可以有甚麼方法去改善？

- 你的體能測驗成績「咁好」，點解唔去考消防員，而選擇投考海關關員？

- 你的體能測驗成績「咁差」，你點樣可以保證，當做到海關關員之時，可以履行到日常的職務？

- 你加入海關部隊之後，最想做邊個部門？

- 你認為海關工作最困難之處是那一方面？

- 你想加入海關，係咪只係為了「人工高、福利好」呀？

- 你如果將來發覺，海關關員的工作，原來同你本來的理

想有所出入，你會怎樣去面對？

- 你在「自我介紹」期間，曾經提及願意接受挑戰，那麼你覺得海關關員需要面對甚麼的挑戰？
- 你在「自我介紹」期間，曾經提及做海關關員有使命感，那麼何謂使命感？使命感是「內在」還是「外在」？
- 你有無信心能夠承受海關關員這份工所帶來之各種壓力？
- 你講吓屋企人嘅背景同職業？
- 你講吓屋企人對你投考海關關員這份工作有何意見？
- 你講吓自己嘅學歷？
- 你點解唔去進修增值自己？
- 你點解唔讀完副學士，先至再投考海關關員？你唔覺得浪費咗 1 年學費咩？
- 你擁有大學的學歷，但是現時竟然申請做海關關員這種工作，是否會覺得有點浪費呢？
- 你擁有大學的學歷，點解唔直接去投考海關督察，竟然會考海關關員？
- 你係大學生，學歷相當之高，如果聘請你成為海關關員，日後會否同其他同事格格不入呢？
- 你係大學生，有無想過當加入海關之後，想升到那個職級？假如一世都無得升職，你會怎樣？

- 你在讀書時期有甚麼課餘活動，而課餘活動對你有甚麼幫助又或者影響？

- 你有否參加過任何義工活動？幾時開始做義工？做過幾多次義工？當中的服務對象是甚麼？

- 你點解從來沒有做義工活動？你有沒有做過幫助別人的事？你有否曾經幫助他人的實際例子？

- 你曾經做過幾多份工作？

- 你為甚麼會被公司解僱？

- 你為甚麼會失業這麼久？

- 你當時為甚麼要辭職呢？

- 你在現時公司的職位是甚麼、職責又是甚麼？

- 你講吓過去、同現在嘅工作經驗，以及工作性質？

- 你講吓之前嘅工作有甚麼得著，以及唔喜歡嘅事情？

- 你點解會經常轉換工作？你是否與同事相處有問題？

- 你點解只係做兼職的工作，而沒有擔任全職之工作？

- 你過往的工作經驗，有甚麼可應用喺海關關員工作裡？

- 你過往的工作經驗，對於海關部隊，可以有甚麼貢獻？

- 你過往的工作經驗，對於投考海關，可以有甚麼幫助？

- 在過往的工作之中，有否曾經遇上最難忘的事情，如果有，是甚麼事情？

- 你依家份工做成點呀，係咪做得唔開心，所以想轉做海關關員呀？
- 你人生之中，覺得最大的成就是甚麼？
- 你曾經面對的重大挑戰和問題？你是如何處理的呢？
- 你遇到別人批評又或者逆境的時候，你會如何處理？
- 你會否和你不喜歡的人一同工作嗎？如果遇上不喜歡的人，並且與你一同工作，你會怎樣處理呢？
- 你喜歡與甚麼類型的上司一起工作呢？
- 你會對你的未來上司，抱有甚麼期望？
- 你如果發現你的未來上司，例如海關督察在工作之中犯上錯誤時，你會怎麼樣處理呢？
- 你有無朋友是海關部隊的成員？如果有，他們有否講述關於海關部隊的工作事情給你知悉呢？
- 你覺得能否適應海關部隊的輪班工作呢？
- 你覺得是否能夠適應海關部隊內，不同的工作環境呢？
- 你是否知悉海關部隊工作的危險性？你考慮清楚未？
- 你的人生目標是甚麼？你有甚麼志願？你的理想是甚麼？你有何抱負？你會如何實現？你會怎樣去達成呢？

第三種題型：海關知識

考官會考核你對於香港海關的認識，當中包括：海關的組織架構、部門職系、職能範圍、法例、官員名稱等，從而了解考生是否真的為了投考「海關關員」此職位，而做了最基本的準備工作。

- 香港海關的「關長」是誰？
- 香港海關的「副關長」是誰？
- 香港海關的「期望、使命及信念」是甚麼？
- 香港海關的「服務承諾」是甚麼？
- 香港海關的「組織、架構」有甚麼認識？
- 香港海關的「階級」為何？
- 海關關員的「職責」是甚麼？
- 香港海關的「工作」包括那些方面？
- 香港海關的「船隊」有甚麼認識？
- 香港海關的「搜查犬」有甚麼認識？
- 香港海關的「行政及人力資源發展處」是負責那些職務及範疇？
- 香港海關的「邊境及港口處」是負責那些職務及範疇？
- 香港海關的「稅務及策略支援處」是負責那些職務及範疇？

- 香港海關的「情報及調查處」是負責那些職務及範疇？
- 香港海關的「貿易管制處」是負責那些職務及範疇？
- 香港海關的「舉報計劃」是甚麼？
- 香港海關的「罪案舉報郵束（CED358）」是如何使用？
- 香港海關的編制之中，擁多少人員？
- 香港海關是負責執行那些香港法例？
- 香港海關合共有多少個邊境管制站？
- 香港海關關員的「起薪點」以及「頂薪點」是多少？
- 甚麼是「有代價地就罪行不予檢控」？
- 甚麼是「知識產權」？
- 甚麼是「紅綠通道系統」？
- 甚麼是「入境旅客免稅優惠」？
- 甚麼是「道路貨物資料系統」？
- 甚麼是「電子貨物艙單系統」？
- 甚麼是「聯合財富情報組 — Joint Financial Intelligence Unit（JFIU）」？
- 甚麼是「應課稅品」？
- 甚麼是「海鋒」？
- 甚麼是「海柏」？
- 你對「保護知識產權」有甚麼認識？
- 香港海關是根據那些《條例》，防止及偵緝走私活動？

- 香港海關是根據那些《條例》，打擊「應用偽造商標」或「虛假標籤」的商品活動？

- 香港海關是根據那些《條例》，監察貨物的進出口及簽發禁運物品和訂明物品的有關牌照？

- 香港海關是由那些局長所管轄？

- 保安局局長是誰？

- 保安局副局長是誰？

- 商務及經濟發展局局長是誰？

- 財經事務及庫務局局長是誰？

- 2010 年 8 月 1 日起生效之「旅客攜帶煙酒入境數量」是多少？

- 2013 年 3 月 1 日起實施之「攜帶嬰幼兒食用配方粉出境規定」的內容是甚麼？

- 香港海關引入的「被動毫米波偵查系統」是甚麼？

- 凡年滿十八歲的旅客，可以免稅攜帶多少煙草產品進入香港，供其本人自用？

- 香港有幾多支「紀律部隊」？

- 香港海關是一支「紀律部隊」，你對於「紀律部隊」有甚麼認識？

第四種題型：時事問題

在招聘「海關關員」的遴選面試裡，時事問題亦成為過程中的熱門題目，考官除了想了解考生是否有留意社會時事發展之外，還希望考生能夠勇於表達意見，例如：「施政報告」、「財政預算案」、「限制配方粉離境」等。並且從中展現出具有分析能力、判斷能力、多角度思維。而在表述具有爭議性的時事問題時，應該要引用正、反兩方的論點，最後才加上自己的意見及作出總結。

- 誰是立法會主席？
- 立法會有多少個議席？
- 立法會選舉任期是多少年？何時選舉？
- 對於立法會議員「拉布」有甚麼看法？
- 可否講出三位司長的名稱？
- 現任政府有幾多個政策局？由誰人出任？
- 政府官員之中，民望得分最高的是邊兩位？
- 你會給予那一位局長最高評分以及其原因？
- 如何解決香港房屋問題？
- 如何改善香港交通擠塞問題？
- 你對於「自由行」有甚麼看法？
- 你對於「澳門派錢」有甚麼意見？

- 你對於「劏房問題」有甚麼看法？
- 你對於「施政報告」有甚麼看法？
- 你對於「財政預算案」有甚麼看法？
- 你對於「陸路入境稅」有甚麼意見？
- 你對於「發展大嶼山」有甚麼意見？
- 你對於「發展新界東北」有甚麼意見？
- 你對於「香港興建睹場」有甚麼意見？
- 你對於「香港貧富懸殊」有甚麼意見？
- 你對於「香港空氣污染」有甚麼意見？
- 你對於「香港人口老化」有甚麼意見？
- 你對於「中港矛盾問題」有甚麼意見？
- 你對於「垃圾徵費計劃」有甚麼意見？
- 你對於「限制配方粉離境」有甚麼看法？
- 你對於「公務員加薪幅度」有甚麼看法？
- 你對於「現今青少年濫藥」有甚麼意見？
- 你對於「全民退休保障計劃」有甚麼意見？
- 你對於「香港國際機場興建第三條跑道」有甚麼意見？
- 你對於「香港對內地雙非孕婦來港實施禁令」有何意見？
- 你對於「三個堆填區擴建及興建焚化爐計劃」有何意見？
- 你平時睇開那些種類的新聞？今日有甚麼特別的新聞？
- 香港海關最近有甚麼行動？

- 香港海關在「風沙行動」中，是與那些政府部門採取聯合行動？當中有甚麼成效？

第五種題型：處境問題

考官會利用「處境問題」的題目，去評估考生的應變能力、解決問題的能力、工作熱誠、處事態度和反應；而這類問題大部分均會與工作處境有關。「處境問題」並沒有固定的標準答案，建議考生應該要從不同層面去進行思考「處境問題」，並且代入不同角色以及從人性的角度作考量。

- 假如你係一名「海關關員」，你會如何打擊毒品？
- 假如你係一名「海關關員」，如果工作要加班，你願唔願意？
- 假如你在邊境管制站工作，期間見到有一名外籍女遊客醉倒，瞓喺大堂，你會點樣做？
- 假如你在邊境管制站工作，期間見到有個老婆婆行乞，你會點樣做？
- 假如你在邊境管制站工作，期間有人話前面有位老婆婆徘徊咗好耐，唔知發生何事，你會點樣做？

【小資訊】

甚麼是「紅綠通道系統」？

　　香港海關為了提供更快捷的旅客清關服務，因此已在各入境管制站實施「紅綠通道系統」。入境旅客可以根據在各入境大堂豎立的以下「紅綠通道」指示牌，選擇適合的清關通道。

紅通道（申報通道）

　　如旅客在抵港時攜有以下物品，請前往此「紅通道（申報通道）」，向海關人員作出申報：

　　・任何「禁運 / 受管制物品」；及 / 或

　　・並不合資格享有「免稅優惠」或「超逾豁免數量」的應課稅品。

備註：
如旅客未能就攜帶的「禁運 / 受管制物品」出示有效的牌照或許可證，可遭檢控，而有關物品亦會被充公。
旅客須就並不合資格享有「免稅優惠」或「超逾豁免數量」的應課稅品繳付關稅 / 被海關人員充公有關應課稅品。

【小資訊】

綠通道（毋需申報通道）

旅客在下列情況下，應使用此「綠通道（毋需申報通道）」：

沒有攜帶任何「應課稅品」或「禁運／受管制物品」；

攜有符合「豁免數量」的應課稅品。

使用「綠通道（毋需申報通道）」時，旅客：

・如被發現「攜有應課稅品」而沒有作出申報／作出不完整的申報，可遭檢控／罰款；

・如被發現「攜有任何禁運／受管制物品」而未能出示有效的牌照／許可證，可遭檢控，而有關物品亦會被充公。

備註：
旅客如使用「綠通道（毋需申報通道）」，並不表示其可免受「海關」的檢查。
（資料來源：香港海關官方網頁）

【資料室】

舉報計劃

　　為協助政府保護知識產權，知識產權業界設立了五項舉報獎賞計劃，由海關負責管理。

　　任何人如向海關提供資料，導致成功制止侵犯知識產權罪行，並且檢獲若干數量的盜版或偽冒貨物，便可獲發賞金。

該五項舉報獎賞計劃為：

1）反盜版獎賞計劃（由版權業撥款資助）；

2）反冒牌藥及假藥獎賞計劃（由香港科研製藥聯會撥款資助）；

3）打擊非法複印書本及期刊獎賞計劃（由香港版權影印授權協會撥款資助）；

4）打擊非法複製報章及雜誌獎賞計劃（由香港複印授權協會撥款資助）；以及

5）打擊公司使用盜版軟件獎賞計劃（由 BSA ｜ 軟件聯盟撥款資助）。

【資料室】

舉報方法：

舉報熱線（24 小時）：(852) 2545 6182

傳真：(852) 2543 4942；或

郵寄：海關關長 香港郵政總局郵政信箱 1166 號

所有提供線報人士資料皆絕對保密。

免稅優惠－「應課稅品」及
「有代價地不予檢控的安排」

香港特區是一個自由港。進口或出口貨物均毋須繳付任何關稅，只有四類應課稅品需要繳稅，包括：

酒類／煙草／碳氫油類／甲醇

旅客攜帶煙酒入境數量規定（2010 年 8 月 1 日起生效）

飲用酒類：

凡年滿十八歲的旅客，可以免稅攜帶 1 升在攝氏 20 度的溫度下量度所得酒精濃度以量計多於 30% 的飲用酒類進入香港，供其本人自用。

持香港身份證的旅客，則必須離港不少於 24 小時才可以享有以上豁免數量。

【資料室】

煙草：

凡年滿十八歲的旅客，可以免稅攜帶下列煙草產品進入香港，供其本人自用：19 支香煙；或 1 支雪茄，如多於 1 支雪茄，則總重量不超過 25 克；或 25 克其他製成煙草。

非作貿易、營商或商業用途：

任何作貿易、營商或商業用途的應課稅品均無免稅優惠。攜有該等物品的旅客必須：

使用紅通道；向海關人員申報攜有該等物品的目的；以及向海關關長呈交報關單。

旅客如沒有遵守香港法例第 109 章《應課稅品條例》的有關規定，可遭檢控或罰款。

檢控／罰款：

入境旅客如就其所管有而超逾免稅優惠數量的應課稅品不向海關人員作出申報，或作出虛假或不完整的申報，可遭檢控。

香港海關可根據香港法例第 109 章《應課稅品條例》，向違規旅客作出「有代價地不予檢控的安排」，施加以下罰則：

有代價地不予檢控罪行的種類：

【資料室】

・管有應課稅貨品

・沒有就應課稅貨品作出申報或作出虛假或不完整的申報

・對攜有禁運／受管制物品入境的旅客所處以的罰則，將視乎規管這類物品進出口的有關法例而定。

備註：

(1)：根據規定，罰款為所涉及香煙稅款 5 倍的罰款，另外加罰款 2000 千元，而現時每支香煙約值港幣 1.9 元，以此計算，超額多帶 1 支香煙，罰款便會達港幣 2 千多元。

(2)：「有代價地不予檢控的安排」，亦即是安排違規者以罰款代替訴訟。

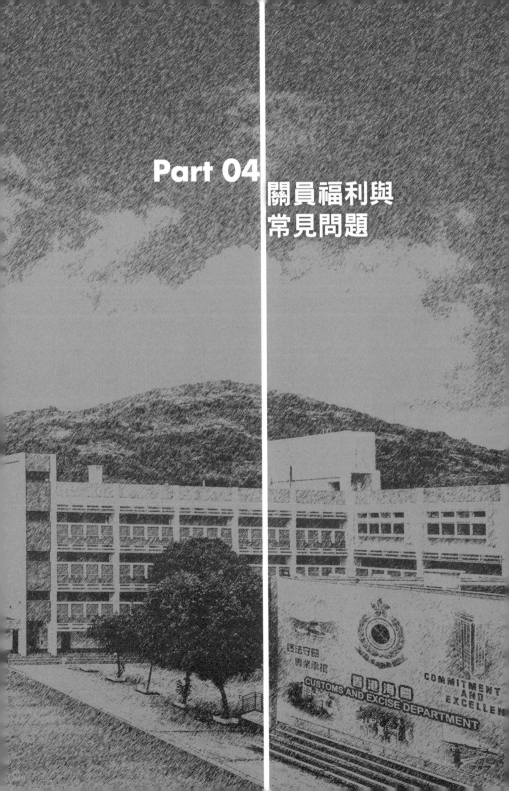

Part 04
關員福利與
常見問題

海關關員享有之福利

　　獲取錄的成為海關關員後，會按公務員試用條款受聘，試用期為 3 年。通過試用期後，或可獲考慮按當時適用的長期聘用條款聘用。

　　海關關員之福利當中包括有：

　　· 公務員公積金

　　· 可以成為海關職員會所會員，享用當中各項設施，包括有：游泳池、網球場、兒童遊樂場、餐廳、酒吧等。

　　· 可以成為「紀律部隊人員體育及康樂會」會員，享用當中各項設施，包括有：游泳池、草地足球場、桑拿室、室內運動場、室內及室外兒童遊樂場、圖書館、電視室、舞蹈室、網球場、桌球室、保齡球場、電子遊戲機室、中、西餐廳等。（紀律部隊人員體育及康樂會地址：香港銅鑼灣掃桿埔棉花路 9 號）

　　· 海關亦設有福利基金，用以幫助職員及其家人。

　　· 有薪假期及例假（例假是以一標準比率賺取的）

　　· 免費醫療及牙科診療。

　　· 在適當情況下，更可獲得宿舍及房屋資助。

海關部隊之薪酬

香港海關部隊由 2016 年 4 月 1 日起薪酬一覽表

職級	薪酬（港幣）
關長	238,750 - 245,850 元
副關長	187,750 - 204,950 元
助理關長	161,450 - 176,550 元
總監督	139,950 - 153,250 元
高級監督	118,395 - 128,325 元
監督	99,150 - 113,965 元
助理監督	79,470 - 95,600 元
高級督察	66,230 - 76,485 元
見習督察 / 督察	32,370 - 65,740 元
總關員	35,235 - 39,530 元
高級關員	27,380 - 34,260 元
關員	18,670 - 26,580 元

＊只供參考

一般紀律人員（員佐級）薪級表		
職級	**薪點**	**由 2016 年 4 月 1 日起**
總關員	29	42,735 元
總關員	28	41,105 元
總關員	27	39,530 元
總關員	26	38,390 元
總關員	25	37,240 元
高級關員	24	36,165 元
高級關員	23	35,235 元
高級關員	22	34,260 元
高級關員	21	33,330 元
高級關員	20	32,450 元
高級關員	19	31,580 元
高級關員	18	30,715 元
高級關員	17	29,815 元
高級關員	16	28,995 元
高級關員	15	28,175 元
關員	14	27,380 元
關員	13	26,580 元
關員	12	25,770 元
關員	11	24,985 元
關員	10	24,200 元
關員	9	23,450 元
關員	8	22,655 元
關員	7	21,875 元
關員	6	21,225 元
關員	5	20,345 元
關員	4	19,780 元

海關關員主要訓練內容

　　成功通過遴選後，新入職的海關關員將會在大攬涌香港海關訓練學校接受大約 20 星期全住宿入職訓練，當中學員需要接受一系列的訓練課程，內容包括：

- 香港海關架構「各科系工作以及職能」
- 香港海關執行職務時，可以行使的 56 條香港法例當中包括：《香港海關條例》、《香港海關（紀律）規則》、《危險藥物條例》、《化學品管制條例》、《進出口條例》、《應課稅品條例》、《版權條例》、《商品說明條例》、《藥劑業及毒藥條例》、《抗生素條例》等
- 香港海關工作程序、指引、部門通令、手冊、工作記錄以及撰寫書面報告
- 香港海關部門的電腦系統簡介以及使用
- 香港海關品行與紀律
- 香港刑事司法制度、法律知識、法庭程序〈當中包括：模擬法庭訓練以及參觀法庭〉
- 查問疑犯及錄取口供的規則及指示、錄影會面錄取口供技巧
- 搜查人身、處所、車輛、船隻

- 拘捕及羈留程序
- 控罪書及審訊文件
- 香港常見常見毒品及處理檢獲之毒品
- 情報搜集及掃毒行動
- 檢查旅客行李、貨物、郵包程序以及技巧
- 槍械訓練、步操訓練、體能訓練、戰術訓練、自衛術、急救以及拯溺
- 外語課程、客戶服務的技巧
- 參觀香港海關部門

備註：

1:海關訓練學校於 1974 年建成，負責為新入職及在職人員提供各項訓練，以及為世界海關組織亞太區的成員提供培訓。海關訓練學校佔地約 4 萬平方米，設有多項 訓練設施，包括演講廳、會議室、課室、資訊科技中心、多用途場館、室外靶場、操場、多用途硬地球場、健身室、游泳池、草地足球場、運動攀爬及遊繩下降設 施、專業發展訓練大樓及學員宿舍等等。學校可以同時容納 280 名學員住校培訓。

2:海關訓練學校位於新界屯門大欖涌道 10 號

3:新入職的海關關員會在新界屯門大欖涌道 10 號的香港海關訓練學校接受為期大約 20 星期的留宿訓練，學員在訓練期間需要居住在學員宿舍，星期六及星期日是假期並且可以回家，而學員需於星期日下午返回香港海關訓練學校。

4. 新入職的學員會按公務員試用條款受聘，試用期為三年。成功通過試用期者將獲考慮按當時適用的長期聘用條款受聘。

5:基於過往有新入職的關員表示，於畢業後因長期駐守個別崗位而感到缺乏挑戰，因此海關於 2009 年起安排人員於畢業後，可以有機會調任部門內 4 個不同形式工種。

投考關員急症室 Q & A

常見問題－關於投考海關「關員」：

Q1：海關關長以及其他首長級人員的姓名？

A1： 海關關長　　　　　　　　　　　　鄧忍光 先生

　　　海關副關長　　　　　　　　　　　鄧以海 先生

　　　海關助理關長（情報及調查）　　　何珮珊 女士

　　　海關助理關長（邊境及港口）　　　黎流柏 先生

　　　海關助理關長（稅務及策略支援）　譚溢強 先生

　　　海關助理關長（行政及人力資源發展）連順賢 先生

　　　貿易管制處處長　　　　　　　　　林寶全 先生

Q2：投考海關「關員」，是否必須要是香港特別行政區永久性居民？

A2：如要成為海關「關員」，你於獲聘時，必須是香港特別行政區永久性居民及在港居留七年以上。

Q3：視力測試於何時進行？

A3：考生於成功通過「遴選面試」後，及於入學堂之前的一個月左右，就會安排你到「體格檢驗承辦商」做 Body Check〈體格檢驗〉，期間會進行視力測試。

Q4：投考海關「關員」的身高及體重之最低要求是多少？

A4：海關「關員」的入職條件當中，並沒有設立身高及體重之最低要求。

Q5：投考海關「關員」是否有設年齡的限制嗎？

A5：年齡並不會影響投考海關「關員」的成功率，只要你符合基本入職條件，絕對可以遞交申請。因為根據海關的資料顯示，於 2007 年畢業的「關員」之中，就有一名 41 歲的學員，該畢業的「關員」已婚並且曾經從事銷售工作 20 多年。由此證明海關在招募「關員」時，不論誰人都會依照同一準則作出聘用，而且過往海關亦曾經有聘用 35 歲以上的學員，所以投考海關「關員」是沒有年齡的限制。

Q6：參加「遴選面試」，是否一定需要「剪頭髮」呢？

A6：首先在「遴選面試」的過程中，有關考生的行為、服飾、言行舉止均是有一定的印象分數。而且我相信你應該未曾見過

穿著軍裝的「關員」留有長頭髮，並且在各入境管制站執法及巡邏。所以我建議男性考生一定要剪頭髮。

其實道理非常簡單，香港海關的形象是健康、大方、莊重、嚴謹，而考生亦應當知道，在不同的場合、機構，對於穿著打扮的要求／規定是不一樣的，如果你去參加「遴選面試」時，依然堅持留長頭髮甚至留鬍鬚，會否令人覺得此名考生凡事均「唱反調、無分寸」，並且以自我為中心及沒有尊重相關之面試呢？至於女性考生，則並不需要一定剪短頭髮，其只需將長頭髮「紮髻」、「紮馬尾」就可以。

Q7：本身如果有「染髮」、「染金髮」又或者有做「Highlight」，可唔可以去參加「遴選面試」呢？

A7：首先海關「關員」是絕對不容許「染髮」的，而且在「遴選面試」過程中，亦會影響考官對你的印象，所以在此建議投考人士最好把頭髮染回黑色又或者是原來自然的顏色。

Q8：參加「遴選面試」，Smart Casual 嘅衣著係咪已經可以，係咪唔需要一定要穿著西裝呢？

A8：首先各投考人士在參加「遴選面試」的過程中，行為、服飾以及言行舉止亦會有相關之評核。轉換另一個角度去剖析，現時投考海關「關員」的競爭十分激烈，「遴選面試」過程絕

對是重要嘅關鍵，考生給予考官的「第一印象」是一道重要的關卡，而這關卡就是考生推門進入面試室的那一刻，然後行去考官的面前，雖然可能只係短短的約 15 秒之時間，但係這 15 秒的印象，很大程度上是由你的衣著、外觀所決定的。所以衣著裝扮是不容許馬馬虎虎，必須穿上合適的「面試裝束」。

骯髒、破舊、皺得像鹹酸菜的服裝，穿著奇裝異服及牛仔褲去參加「遴選面試」，可能你會覺得好有型有款，亦都可能係屬於 Smart Casual 的衣著，但是絕對不適合穿著去參加「遴選面試」，如此裝扮絕對會讓考官覺得你個性吊兒郎當、毫無誠意、沒有尊重「遴選面試」以及並不熱切希望能夠加入海關成為「關員」。

除此之外，再來「談比較、談戰術」。假設有兩個考生面試表現以及成績均是一模一樣，但係一個衣著打扮隨隨便便、不成體統，而另一個則穿著傳統而專業的衣著。你猜一猜，那一位考生會給考官較好的印象？

而又作出另一個假設，在一整天的「遴選面試」當中，原來大部分考生都是穿得「是是旦旦、求求其其」，而你卻是唯一穿著得「正正式式」的一個，你又再猜一猜，誰人能夠吸引已經疲態盡現的考官之眼睛呢？

其實大家經常在各網上討論區內，見盡不少考生在高談闊論、冷嘲熱諷同場面試的其他考生之衣著如何，又話怕自己穿得太

正式會被其他考生嘲笑。請大家仔細諗清楚，你要在意的人並非同場的考生，而係考官如何對你作出的評價！

而我從來就只有聽見過，在招募的「遴選面試」過程當中，考官狠批考生衣著不修邊幅，而從來沒有聽見過考官嫌棄考生衣著「太端正」。

當然，「遴選面試」成功與否，最重要還是看你的準備以及臨場表現。因此任憑你穿得再端正、再得體，若然你在「遴選面試」前不做好準備、面對考官時十問九唔識，那麼你的「遴選面試」始終會是註定失敗。

所以，我的建議是考生在參與「遴選面試」之時，一定要穿著西裝，並且必須要為這第一印象分作出準備，不要容許自己有機會輸給衣著及儀表。

Q9：有人話，在海關「關員」遴選程序之中，考生如果識得「功夫」會有得加分？

A9：絕對無得加分，因為在整個海關「關員」的遴選程序中，並沒有考「功夫」這一項目或者評分準則，所以考官又如何比分你呢？

而且在海關部門內，懂得「功夫」的同僚多如天上繁星，而且好多都是武林高手，而且可能你的考官就已經是其中一位隱世嘅武林高手呢！

Q10：有人話，在海關「關員」遴選程序之中，考生如果識得「拯溺」、「急救」、「揸車」又會有得加分？

A10：同樣絕對無得加分，因為同樣在整個海關「關員」的遴選程序中，並沒有考「拯溺」、「急救」、「揸車」這幾個項目，所以考官又如何比分你呢？

Q11：有人話，投考海關「關員」一定要識得游泳？

A11：投考海關「關員」的「投考資格」當中，並沒有要求投考人士必需要懂得「游泳」，而且這亦不是遴選程序之中的考核範圍。

但是如果你目前的泳術不佳，又或者根本不懂得游泳，你便應在進入「海關訓練學校」訓練前，參加學習游泳的訓練課程，從而以改進你的泳術，這會令你在「海關訓練學校」參與「游泳」又或者「拯溺」課堂時可以比較從容。

Q12：有人問，「體格檢驗」會做那些檢查？

A12：現時「體格檢驗」程序是會交由政府授權的獨立醫療機構所進行。過程之中會為投考者進行下列的身體檢驗：

1. 查詢你的全面病歷記錄，當中包括過去的病症；
2. 查詢你曾經進行的外科手術、損傷、殘疾、藥物史、過敏性；
3. 查詢你的家族遺傳性疾病歷史；

4. 查詢你的吸煙以及飲酒之習慣；

5. 查詢你現時的健康狀況；

6. 再次進行量高、磅重，檢驗血壓；

7. 對皮膚、淋巴腺、甲狀腺、心臟、胸部、腹部、四肢、脊柱、神經系統進行檢驗；

8. 對語言、智力、聽覺、視力和色弱等進行檢驗；

9. 進行胸部 X 光檢驗；

10. 照心電圖；

11. 抽取尿液進行檢驗；

12. 抽取血液進行檢驗；

Q13：有人問，「乙型肝炎」會否影響獲聘成為海關「關員」呢？

A13：海關部門是作為提供平等就業機會的僱主，並致力消除在就業方面的歧視。所有符合基本入職條件的人士，不論其殘疾、性別、婚姻狀況、懷孕、年齡、家庭崗位、性傾向和種族，均可申請海關「關員」的職位。所以並沒有限制任何有「乙型肝炎」的人士投考海關「關員」。因此投考人士不會降低受聘機會，所以不用擔心。

但投考人士必須要通過上述「體格檢驗」，才會獲得考慮聘任。有關之獨立醫療機構會提供專業的意見去決定投考人是否適合擔任海關「關員」的工作。

Q14：有人話，對於「毅進文憑課程」的認受性存疑，而在投考海關「關員」職位之時，「毅進文憑課程」的學歷是否獲得承認？

A14：投考人士如修畢「毅進文憑課程」後，則相當於香港中學文憑考試（DSE）5科（包括中國語文和英國語文科）第2級的程度。

而「毅進文憑課程」的資歷獲政府接納為符合超過30個以中學文憑試5科（包括中國語文和英國語文科）第2級成績為入職學歷的公務員職位的學歷要求，這些職位包括：海關「關員」、警員、消防員、救護員、二級懲教助理、入境事務助理員、郵務員、社會保障助理員、助理外勤統計主任、二級稅務督察、三級康樂助理員、福利工作員等。

在我任教的「香港科技專上書院」〔Hong Kong Institute of Technology（HKIT）〕所舉辦的「毅進文憑 紀律部隊課程系列（當中包括：海關實務、警隊實務、消防員／救護員實務以及懲教實務 毅進文憑課程）」，就有為數不少的同學在修畢課程後，成功加入各紀律部隊的例子。

Q15：承上題，「新毅進（即毅進文憑）同舊毅進（即毅進計劃）有甚麼分別？

A15：「新毅進」是俗稱，課程正確稱為「毅進文憑 Yi Jin

Diploma」，目的是為新的三三四學制而設的另類升學課程，以及為了取代「舊毅進計劃」而設的課程。完成「毅進文憑 Yi Jin Diploma」者將獲得等同中六文憑試五科二級（包括中、英文）之學歷。

總括而言，不論是「舊毅進課程」或是現在的「毅進文憑 Yi Jin Diploma」，均獲得政府承認學歷分別等同於「中學會考五科及格」或「中六文憑試五科二級」，令有志投身海關成為「關員」的學生具備相關之學歷要求。

常見問題－關於「知識產權」、《版權條例》、《商品說明條例》

Q16：甚麼是「知識產權」？

A16：「知識產權」泛指一組無形的獨立財產權利，當中包括：

1. 商標權　　　　　4. 外觀設計權

2. 專利權　　　　　5. 植物品種保護權

3. 版權　　　　　　6. 集成電路的布圖設計權

「知識產權」對於我們的日常生活十分重要：衣物牌子、報章上的文章、電視節目、流行歌曲、電影及時裝設計等等，均與「知識產權」息息相關。

Q17：為甚麼要保護知識產權？

A17：保護「知識產權」即保護人的創意。

香港政府需要保護作家、藝術家、設計師、軟件程式設計員、發明者及其他專才的心血，以期創造一個環境，讓上述人士可以盡情發揮創意，並讓辛勤工作得到回報。

香港是一處充滿創意的地方。本港的電影製作、電視製作、錄音製作、書刊、時裝以及珠寶和平面設計名聞遐邇，廣受海外人士歡迎。

本港又是國際商貿中心，香港政府有責任向本港的投資者提供所需的知識產權保護，確保他們可以在一個公平自由的環境營商。

Q18：香港政府如何保護「知識產權」？

A18：

- 香港政府為了保護知識產權，於 1990 年 7 月 2 日成立「知識產權署 Intellectual Property Department。

- 同時，「知識產權署」亦從律政署接收處理有關版權事宜的職能。

- 於 1998 年，「知識產權署」更擔任政府的知識產權民事法律顧問。

-「知識產權署」負責向商務及經濟發展局局長提供意見，協助

制定香港特區的知識產權保護政策及法例。

此外，又負責管理香港特區的：

- 商標註冊處
- 專利註冊處
- 外觀設計註冊處
- 版權特許機構註冊處

並且透過教育及舉辦各種活動，加強公眾人士對保護知識產權的意識。

Q19：在香港有那些條例保護「知識產權」？

A19：在香港，有以下條例保護「知識產權」，當中包括：

- 《版權條例》
- 《防止盜用版權條例》
- 《商標條例》
- 《商品說明條例》
- 《專利條例》
- 《註冊外觀設計條例》
- 《植物品種保護條例》
- 《集成電路的布圖設計（拓樸圖）條例》

而根據《版權條例》，版權持有人有權對任何未經其同意而複製或分發其版權作品的人士或機構採取法律行動。

Q20：甚麼是「商標」？

A20：商標是一個標誌，用以識別不同商戶的貨品和服務。

商標可以由文字（包括個人姓名）、徵示、設計式樣、字母、字樣、數字、圖形要素、顏色、聲音、氣味、貨品的形狀或其

包裝，以及上述標誌的任何組合所構成。能夠藉書寫或繪圖方式表述的標記，才可以註冊為「商標」。

Q21：甚麼是「偽造商標」？

A21：「偽造商標（即冒牌貨）」，根據香港法例第362章《商品說明條例》第9條「與商標有關的罪行」所指，任何人如有下列作為，則除非該人證明他行事時並無詐騙意圖，否則即屬犯罪—

（a）偽造任何商標；

（b）將任何商標或任何與某一商標極為相似而相當可能會使人受欺騙的標記以虛假方式應用於任何貨品；

（c）製造任何供人偽造商標或供人用以偽造商標的印模、印版、機器或其他儀器；

（d）處置或管有任何供人偽造商標的印模、印版、機器或其他儀器；或

（e）安排作出任何（a）、（b）、（c）或（d）段所提述的事情。

（2）除本條例條文另有規定外，任何人將任何應用偽造商標的貨品，或將任何以虛假方式應用某商標或與某一商標極為相似而相當可能會使人受欺騙的標記的貨品出售或展示，或為售賣或任何商業或製造用途而管有該等貨品，即屬犯罪。

（3）除第（3A）款另有規定外，就本條而言，任何人——

（a）作出下列任何一種作為，即須當作偽造商標——

（i）並無商標的擁有人的同意而製造有關商標，或製造與該商標極為相似至屬存心欺騙的標記；或

（ii）藉更改、增加、抹除或其他方式捏改任何真正商標；

（b）並無商標的擁有人的同意而將有關商標應用於貨品，即須當作以虛假方式將該商標應用於貨品，

而作名詞使用的偽造商標（forged trade mark）亦須據此解釋。

Q22：香港海關如何打擊「版權及商標侵權」活動、進行刑事調查以及執行檢控？

A22：香港海關是香港特別行政區唯一負責對「版權及商標侵權」活動進行刑事調查及檢控的部門。

香港海關其中一項任務是維護知識產權擁有人和正當商人的合法權益，而為了履行這項任務，香港海關執行以下條例：

・香港法例第 528 章《版權條例》

・香港法例第 362 章《商品說明條例》

・香港法例第 544 章《防止盜用版權條例》

策略：

海關採取雙管齊下的策略，分別從供應及零售層面打擊盜版及冒牌貨活動。

在供應層面上，海關致力從進出口、製造、批發及分銷層面打擊盜版及冒牌貨活動。

至於在零售層面上，海關一直努力不懈，在各零售黑點持續採取執法行動，以杜絕街頭的盜版及冒牌貨活動。

侵犯版權：

海關負責調查和檢控有關文學、戲劇、音樂或藝術作品、聲音紀錄、影片、廣播、有線傳播節目及已發表版本的排印編排的侵犯版權活動。

海關除了從生產、儲存、零售及進出口層面掃蕩盜版光碟外，並致力打擊機構使用盜版軟件和其他版權作品作商業用途。

海關於 2000 年成立了第一支「反互聯網盜版隊」，目的是為了打擊網上侵權活動。當時海關派遣成員前往本地及海外專業學府，參與有關「電腦罪行調查專業技巧」以及「電腦鑑證專業技能」的課程。「反互聯網盜版隊」亦擁有先進網上調查工具，以及掩飾身份的上網設備，用以協助在瞬息萬變的數碼世界，偵查錯縱複雜的電腦罪行案件。

海關於 2005 年 4 月再成立第二支「反互聯網盜版隊」，目的是為了加強對網上侵權活動的執法，特別是針對拍賣網站售賣冒牌貨品。

海關直至現在，合共成立了四支「反互聯網盜版隊」，以打擊網上侵權活動。

海關的電腦法證所就侵權案件數碼證據的收集、保存、分析及於法庭呈示證物等工作提供專業支援。該法證所已獲頒發「國際質量管理體系證書」ISO 9001 和「國際資訊安全管理系統證書」ISO 27001。

偽冒商標：

海關亦根據香港法例第 362 章《商品說明條例》，對涉及應用偽造商標或附有虛假商品說明商品的人士 / 機構採取執法行動。

防止盜用版權：

香港法例第 544 章《防止盜用版權條例》規定本地的光碟及母碟製造商必須獲得海關批予牌照，並為他們製造的所有產品標上特定的識別代碼。

此外，香港法例第 60 章《進出口條例》規定，必須領有海關發出的許可證，才可進出口光碟母版及光碟複製品的製作設備。

總結：

在 2012 年，海關根據《版權條例》檢獲總值約 690 萬元貨物和拘捕 166 人。此外，海關於調查盜版光碟及冒牌物品集團清洗犯罪得益的案件時會引用《有組織及嚴重罪行條例》，自 2004 年以來總共凍結 1.3 億元涉嫌與盜版及冒牌活動有關的財產。

海關亦根據《商品說明條例》打擊應用偽造商標或虛假標籤的商品活動。在 2013 年，海關偵破 752 宗冒牌貨品或貨品附有

虛假商品說明的案件，檢獲總值約 1.46 億元貨物並拘捕 663 人。當中主要為電子產品，冒牌成衣、手錶及皮革製品。

Q23：甚麼類型的物品，會受到《版權條例》的保護？

A23：一般而言，版權是賦予原創作品擁有人的權利，可以存在於以下物品：

文學作品（例如書籍及電腦軟件）、音樂作品（例如創作樂曲）、戲劇作品（例如舞台劇）、藝術作品（例如繪畫、 髹掃畫及雕塑品）、聲音紀錄、影片、廣播、有線傳播節目和文學、戲劇及音樂作品已發表版本的排印編排，以及表演者的演出等。互聯網傳送的版權作品，亦受保護。

Q24：如果違反《版權條例》，最高的刑罰是甚麼？

A24：根據《版權條例》，任何人士未經版權擁有人特許，在貿易或業務過程中，或為貿易或業務目的，又或在與任何貿易或業務有關連的情況下製造、出售、管有或進出口侵權複製品；或分發侵權複製品達致損害該版權持有人權益的程度（不論何種目的）；一經定罪，最高可處監禁 4 年及每件盜版物品罰款 5 萬元。

而涉及製造、管有或進出口用作製造盜版物品的任何物件，則最高可處罰款 50 萬元及監禁 8 年。

**Q25：承上題，香港法庭所判處違反《版權條例》的最高刑罰
又是甚麼？**

A25：根據資料顯示，法庭至今的最高判刑為監禁 48 個月，
最高罰款為港幣 198 萬元。

Q26：甚麼類型的物品，會受到《商品說明條例》的保護？

A26：一般而言，所有具「註冊商標」的貨品，均會受到香港
法例第 362 章《商品說明條例》的保護。

基於過去的香港法例第 362 章《商品說明條例》只禁止將虛假
商品說明應用於任何貨品，而不適用於服務。

為回應公眾的強烈要求加強保障消費者的權益，禁止消費交易
中某些常見的不良營商手法，香港特別行政區已仔細檢討現時
的保障消費者條例，並透過修訂《商品說明條例》以落實改善
措施。

於 2012 年 7 月 17 日，《2012 年商品說明（不良營商手法）
（修訂）條例》（《修訂條例》）獲得立法會通過。

《修訂條例》主要有以下內容：

1. 擴大有關貨品的「商品說明」的現有定義，指以任何方式就
任何貨品或貨品任何部分作出直接或間接的顯示，例如標價；

2. 擴大「條例」的適用範圍，禁止在消費服務交易中作出虛假
商品說明，並界定「服務」一詞在消費合約中的法律定義；

3.增加新的罪行，禁止在營業行為中某些不良營商手法如：誤導性遺漏、具威嚇性的營業行為、餌誘式廣告宣傳、先誘後轉銷售行為及不當地接受付款； 及在刑事懲處外，設立遵從為本的民事執法機制，鼓勵企業遵守條例。

《2012年商品說明（不良營商手法）（修訂）條例》新修訂法例於2013年7月19日《修訂條例》全面執行。

Q27：《2012年商品說明（不良營商手法）（修訂）條例》新修訂法例生效之後，海關採用甚麼執法策略？

A27：「巡查」及「放蛇」：

海關非常重視保障消費者的權益，除了會到不同商舖進行例行巡查，亦會採用「放蛇」的手法，喬裝成顧客進行視察及偵查，確保商舖遵守法例規定。

並會不時檢討最新的執法策略及靈活調配人手，打擊引起社會高度關注而有關《商品說明條例》的案件，維護公平的營商環境。

「宣傳」及「教育」：

此外，海關亦會舉辦講座／研討會，讓商戶得以加強對《修訂條例》的認識。

另外，為了教育消費者，亦會把成功檢控個案／承諾及強制令上載至海關網頁讓消費者查閱。希望消費者透過有關資訊，了解市面上的不良營商手法，做個精明消費者。

Q28：海關會怎樣處理調查的優先次序？

A28：由於受公平營商條文管轄的貨品及服務商戶範圍廣泛，
海關會以風險為本及有效地運用執法資源的原則，訂立調查的
優先次序。一般會優先處理：

1. 涉及重大公眾利益或受到廣大公眾關注的營商行為；

2. 缺乏悔意或故意屢犯的個別行業／商戶；

3. 營商行為引致消費者蒙受重大金錢或財務上的損失；及

4. 該行為顯示出在市場上有顯著的或新興的趨勢。

透過處理調查的優先次序，使執法行動發揮最大效力，從而保
障消費者及股實商戶的權益。

Q29：如果違反《商品說明條例》，最高的刑罰是甚麼？

A29：根據《商品說明條例》，任何人士涉及管有、出售或進
出口任何虛假商品說明或偽冒商標的貨品作商業用途：

一經循公訴程序定罪，最高可處罰款 50 萬元及監禁 5 年。

一經循簡易程序定罪，可處第 6 級罰款及監禁 2 年。

Q30：承上題，香港法庭所判處違反《商品說明條例》的最高
刑罰又是甚麼？

A30：根據資料顯示，法庭至今的最高判刑為監禁 27 個月，
最高罰款為港幣 40 萬元。

Q31：如果我去戲院睇戲，而攜帶具備有「攝錄功能的手提電話」又或者「數碼相機」進入戲院，是否違法？

A31：根據《防止盜用版權條例》，任何人無合法授權或合理辯解而在公眾娛樂場所管有攝錄器材，即屬違法。

若然你只是將具備有「攝錄功能的手提電話」帶入公眾娛樂場所（例如：戲院）作通訊用途，算是合理辯解，不屬違法。

但若然你利用具備有「攝錄功能的手提電話」在公眾娛樂場所（例如：戲院）拍攝影像片段，法例中合理辯解的意義便不存在，即屬違法。

而在現行的法例下，公眾娛樂場所（例如：戲院）負責人有權拒絕任何管有「攝錄器材」的人士進入該場所、要求他們離開該場所，或採取適當措施以確保不會讓不法人士盜錄。

Q32：市民如果發現盜版或冒牌貨活動，應該如何處理？

A32：市民如果發現盜版或冒牌貨活動，應該用以下方法聯絡香港海關，以便海關採取進一步行動，而所提供資料，一概保密：

舉報熱線（24 小時） ：（852）2545 6182

傳真 ：（852）2543 4942

郵寄 ：海關關長 香港郵政總局郵政信箱 1166 號

電郵 ：customsenquiry@customs.gov.hk

「罪案舉報」郵束 ：（CED358）

Q33：海關「罪案舉報」郵柬（CED358），是甚麼以及可以舉報那些罪案？

A33：市民如果發現下列罪案，可以從海關網頁下載並填寫海關「罪案舉報」郵柬（CED358）向海關作出舉報：

（1）：供應大規模毀滅武器；

（2）：不安全玩具、兒童產品及消費品；

（3）：秤量不準確（呃秤）；

（4）：虛報紡織品產地來源或於紡織品上附加虛假產地來源標籤及非法轉運紡織品；

（5）：不良營商手法（具威嚇性的營商行為、不當地接受付款等）；

（6）：無牌經營金錢服務（外幣找換、滙款等）；

（7）：在香港以高於核准公布零售價出售應繳汽車首次登記稅的車輛；

（8）：走私、非法製造、販賣或管有以下物品：

- 戰略物品

- 淫褻及不雅物品

- 毒品（海洛英、氯胺酮、可卡因、大麻等）

- 受管制化學品（乙酸酐、麻黃碱、假麻黃碱等）

- 盜版、冒牌及附有虛假商品說明貨品

- 未完稅之煙草、酒類、甲醇及碳氫油類（汽油、有標記油類等）

- 未列艙單貨物

Q34：甚麼是「舉報獎勵計劃」？

A34：香港海關設有名為「舉報獎勵計劃」。

任何人士提供消息協助海關緝獲毒品、未完稅物品、侵犯版權物品、冒牌藥物、走私貨物、及虛報產地來源的紡織品等皆有可能獲發賞金／報酬，惟提供消息者必須先作登記手續（成為已登記線人）及舉報資料必須符合有關計劃的規定。

如欲進一步了解舉報獎勵計劃的詳情，請致電海關舉報熱線（852）2545 6182。

Q35：應課稅品之中的「酒稅」是如何評定的？

A35：根據香港法例第109章《應課稅品條例》所訂明的「應課稅品」所徵收的稅款，「酒稅」是依據貨品價值而計算的。

用以評定稅款的貨品價值是該貨品於「有關時間」在公開市場上由獨立於對方的買賣雙方在買賣中所達成的正常價格。

對進口酒類來說，「有關時間」是指為出口至香港特別行政區的買方而從賣方處所移走貨品的時間；至於在香港製造的酒類，「有關時間」則指從工廠移走貨品的時間。

因此，用以評定稅款的稅值是指出倉價，其中應包括賣方售賣貨品而承擔的所有費用，例如：

- 包裝費
- 佣金
- 專利權費
- 牌照費

但不包括將貨品輸入香港特區而引致的運費及保險費。

Q36：如要評定應課稅品之中的「稅款」時，海關需要甚麼文件？

A36：在海關的要求下，應課稅貨品的進口商或製造商須交出售賣合約、發票、帳簿，以及為評定和計算稅款而須提交的任何其他文件，例如付款記錄、由供應商發出的出口市場價格清單及購貨訂單。

假如進口商或製造商沒有提交所需文件，則海關可根據香港法例第109章《應課稅品條例》第26A(5)條定出一個價值，作為評定稅款的貨品價值。

在有關情況下，進口商或製造商可提供任何足以證實所申報的應課稅價值是該條例第26A(1)條所指定「正常價格」的文件，供海關考慮。

Q37：製成香煙有否長度限制？

A37：沒有。但為根據香港法例第109章《應課稅品條例》徵稅，任何長逾90毫米（不包括任何濾咀或煙咀口）的香煙，每增加90毫米即視作另一支香煙。

Q38：製成香煙內的焦油含量是否有法定限制？

A38：有。任何人不得售賣或要約出售焦油含量超過17毫克

的香煙，或管有焦油含量超過 17 毫克的香煙作售賣用途。但此規定不適用於儲存在保稅倉，或由煙草產品製造商持有，以供輸出香港特區的香煙。

Q39：任何人不可管有、銷售或要約買入未課稅的香煙（即私煙），但如何知道我的香煙是否已經課稅？

A39：已課稅香煙的包裝上會有香港政府的健康警告。

除此之外，根據香港法例 第 109 章《應課稅品條例》第 17 條「對處理和管有某些貨品的限制」，如果你管有多於 500 支香煙，而包裝上有「HKDNP」（即是 Hong Kong Duty Not Paid）的標記或沒有香港政府的健康警告，法庭會假設香煙沒有課稅。而此罪行的最高刑罰是罰款港幣 100 萬元，和即時入獄 2 年。

其他問題：

Q40：假如我我成功加入海關成為「關員」，我有甚麼方法由現役的關員職級晉升為海關的「見習督察」？

A40：由現役的「關員」、「高級關員」、「總關員」職級，晉升為海關的「見習督察」，可以依照以下 3 個途徑：

方法(1)：投考「內部聘任計劃」，有關的同事須具備下列資格：

(a) 在海關部隊服務達三年；

(b) 在香港中學會考取得五科 E 級或以上成績，或具備同等學歷；

(c) 在香港中學會考中國語文科及英國語文科（課程乙）取得 E 級或以上成績（若這兩科並不包括在上文（b）項規定的成績之內），或具備同等學歷；

(d) 在過去三年整體工作表現良好；以及

(e) 若曾被紀律處分，有關處分的褫奪委任及升職期限已告失效。

方法（2）：投考「特別委任計劃」，有關的同事須具備下列資格：

(a) 任職「總關員」達五年；

(b)　　（i）中二程度中英文科合格或具備同等學歷；或

　　　　（ii）在政府標準中英文科中級第一分級考試中取得及格成績，或具備同等學歷；

(c) 在過去五年整體工作表現良好；

(d) 若曾被紀律處分，有關處分的褫奪委任及升職期限已告失效；以及

(e) 具備廣博的關務工作常識及優秀的領導才能。

方法（3）：利用「公開招聘」而成功轉任為海關的「見習督察」，有關的同事須具備下列資格：

1. 入職條件

a.i. 持有香港任何一所大學頒發的學士學位，或具同等學歷；

a.ii. 符合語文能力要求，即綜合招聘考試的兩張語文試卷（中文運用和英文運用）考獲「一級」成績，或具同等成績；或

b.i. 持有香港任何一所大學頒發的學士學位，或香港任何一所大專院校頒發的認可副學士學位，或香港任何一所理工大學／理工學院／香港專業教育學院／科技學院頒發的高級文憑，或任何一所已註冊專上學院在其註冊日期後頒發的文憑，或具同等學歷；及

b.ii. 符合語文能力要求，即在香港中學文憑考試或香港中學會考中國語文科和英國語文科考獲第 2 級（註 3）或以上成績，或具同等成績；或

c.i. 在香港中學文憑考試五科考獲第 3 級或同等（註 1）或以上成績（註 2），或具同等學歷；或

c.ii. 在香港高級程度會考兩科高級程度科目考獲 E 級或以上成績，以及在香港中學會考另外三科考獲第 3 級（註 3）／ C 級或以上成績（註 2），或具同等學歷；及

c.iii. 符合語文能力要求，即在香港中學文憑考試或香港中學會考中國語文科和英國語文科考獲第 2 級（註 3）或以上成績，或具同等成績；

註：(1)：政府在聘任公務員時，香港中學文憑考 試應用學習科目（最多計算兩科）「達標並表現優異」成績，以及其他語言科目 C 級成績，會被視為相等於新高中科目第 3 級成績；香港中學文憑考試應用學習科目（最多計算兩科）「達標」成績，以及其他語言科目 E 級成績，會被視為相等於新高中科目第 2 級成績。

註：(2)：有關科目可包括中國語文及英國語文科。

註：(3)：政府在聘任公務員時，2007 年前的香港中學會考中國語文科和英國語文科（課程乙）C 級及 E 級成績，在行政上會分別被視為等同 2007 年或之後香港中學會考中國語文科和英國語文科第 3 級和第 2 級成績。）

2. 通過視力測驗；

3. 能操流利粵語及英語；

4. 必須是香港特別行政區永久性居民；以及

5. 通過遴選程序。

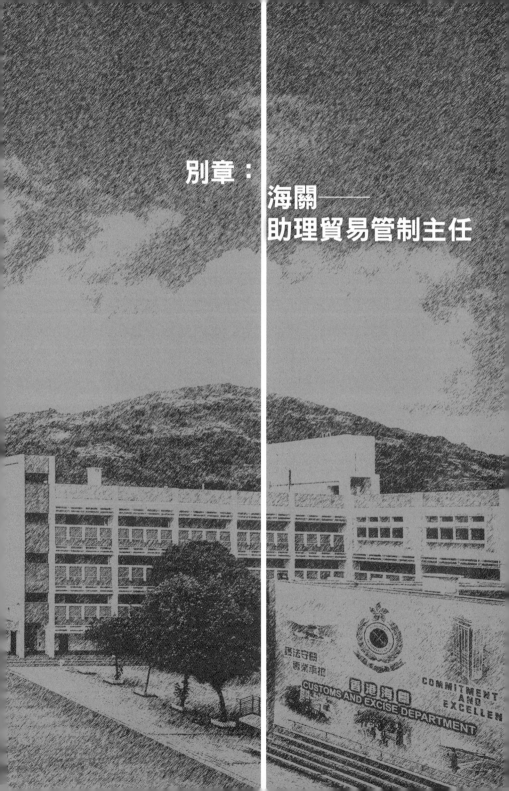

別章：
海關——
助理貿易管制主任

認識貿易管制處
（Trade Controls Branch）

負責商務及經濟發展局管轄範圍內有關「貿易管制」及「保障消費者權益」事宜，和財經事務及庫務局管轄範圍內有關「監管金錢服務經營者」事宜。

貿易管制處設有以下部門：

1. 金錢服務監理科
2. 消費者保障科
3. 商品說明調查科
4. 貿易報關及制度科
5. 貿易調查科
6. 緊貿安排及貿易視察科

貿易管制處處長

林寶全先生

消費者保障科首席貿易管制主任	商品說明調查科首席貿易管制主任
植順群女士	衛雲青先生

緊貿安排及貿易視察科首度貿易管制主任	貿易報關及制度科首席貿易管制主任	貿易調查科首席貿易管制主任	金錢服務監理科首席貿易管制主任
麥毓錦先生	康凱麟先生	傅麗霞女士	區偉成先生

貿易管制處之組織架構如下：

金錢服務監理科（Money Service Supervision Bureau）
- 合規執行課（Compliance Enforcement Division）
- 政策牌照及支援課（Licensing Policy and Support Division）

消費者保障科（Consumer Protection Bureau）
- 玩具及兒童產品安全課（Toys & Children's Protection Safety Division）
- 度量衡課（Weights and Measures Division）
- 消費品安全課（Consumer Goods Safety Division）
- 貿易管制檢控課（Trade Controls Prosecution Division）

商品說明調查科〈Trade Descriptions Investigation Bureau〉
- 商品說明課（一）（Trade Descriptions Division 1）
- 商品說明課（二）（Trade Descriptions Division 2）
- 商品說明課（三）（Trade Descriptions Division 3）
- 商品說明課（四）（Trade Descriptions Division 4）

貿易報關及制度科〈Trade Declaration and Systems Bureau〉
- 報關調查課（一）（Trade Declaration Investigation Division 1）
- 報關調查課（二）（Trade Declaration Investigation Division 2）
- 貿易管制行政課（Trade Controls Administration Division）
- 貿易管制制度課（Trade Controls Systems Division）
- 貿易管制特別工作小組（Trade Controls Special Working Group）

別章：
海關──助理貿易管制主任

貿易調查科〈Trade Investigation Bureau〉
- 貿易調查課（一）（Trade Fraud Investigation Division 1）
- 貿易調查課（二）（Trade Fraud Investigation Division 2）
- 貿易調查課（三）（Trade Fraud Investigation Division 3）

緊貿安排及貿易視察科〈CEPA and Trade Inspection Bureau〉
- 貨物及工廠巡查課（Consignment & Factory Inspection Division）
- 貨物轉運管制及綜合視察課（Transhipment Controls and Miscellaneous Inspection Division）
- 緊貿安排管制課（CEPA Controls Division）

備註：貿易管制處轄下之七個科，均由「首席貿易管制主任」職級之人員所領導及指揮。

貿易管制處之職級及薪酬：

職級	起薪點	總薪級表〈Master Pay Scale〉
首席貿易管制主任	薪點（Point）45 — 49	$105,880 $121,985
總貿易管制主任	薪點（Point）34 — 44	$65,740 - $99,205
高級貿易管制主任	薪點（Point）29 — 33	$54,230 - $65,150
貿易管制主任	薪點（Point）22 — 28	$39,350 - $51,780
助理貿易管制主任	薪點（Point）10 — 21	$21,255 - $37,570

貿易管制主任職系的發展：

貿易管制原先為緝私隊（香港海關的前身）的其中一項職責。而「貿易管制主任職系」發展至今已有 40 餘年。

但由於工作範圍不斷擴展，香港海關於 1965 年正式設立新的「工業主任職系（即是現今的貿易管制主任職系）」，全權負責貿易管制工作。

於 1989 年「貿易管制處」正式成立。在這 40 年來，「貿易管制主任職系」的工作經歷了與時並進的變化，工作範圍漸趨多元化以配合部門的執法目標及社會發展所需。

現在，「貿易管制主任職系」的執法工作除了涉及禁運物品包括：紡織品、戰略物品及儲備商品等等之進出口簽證管制外；並積極維護香港產地來源的聲譽，保障消費者權益、覆核及評估貿易報關等。

多年來的海關工作，「貿易管制主任職系」的同事累積了寶貴的經驗，特別在涉及執法與商業欺詐的案件上。從巡查核實、蒐集證據、處理証物、向涉案人士錄取口供直至在法庭上提出刑事舉證，「貿易管制主任職系」的同事均能掌握工作所需知識、秉公執法。

貿易管制主任職系
（Trade Controls Officer Grade）：

貿易管制主任職系以貿易管制處處長為首，負責貿易管制及保障消費者權益事宜。其職責包括：

- 執行戰略物資、儲備商品及其他禁運物品的管制工作；

- 維護產地來源證簽證制度，包括《內地與香港關於建立更緊密經貿關係的安排》下簽發的產地來源證；

- 執行有關保障消費者權益的法例：

- 度量衡；

- 玩具、兒童產品和消費品安全；

- 貨品的商品說明；

- 供應貴重金屬，翡翠，鑽石及受規管電子產品；

- 監管金錢服務經營者；

- 覆核進／出口報關單；以及

- 評定和徵收報關和製衣業訓練徵款。

助理貿易管制主任

（Assistant Trade Controls Officer）

助理貿易管制主任的主要職責包括：

· 執行與保障消費者權益（包括產品安全、商品說明及公平貿易）、產地來源證；

· 就禁運物品申領的進出口許可證，以及進出口報關事宜等相關的法例；

· 就工廠登記及根據簽發產地來源證制度提出的有關申請，巡查處所及營運單位；

· 在各出入境管制站及／或其他處所檢查進口或出口貨物；

· 查核進出口報關單，並評定進出口貨物的價值，以徵收報關費及成衣業訓練附加稅；

· 執行金錢服務經營者的發牌及規管工作，包括審查有關機構是否遵從規定，以打擊洗錢及恐怖分子資金籌集；

· 根據相關法例執行調查工作。

助理貿易管制主任主要在戶外工作，並且可能須不定時工作，或輪班當值及／或執行隨時候召職務、以及採取拘捕行動並在法庭上作供。

別章：
海關──助理貿易管制主任

聘用條款：

獲取錄的申請人會按公務員試用條款受聘，試用期為三年。通過試用關限後，或可獲考慮按當時適用的長期聘用條款聘用。

附註：

(a) 除另有指明外，申請人於獲聘時必須已成為香港特別行政區永久性居民。

(b) 公務員職位是公務員編制內的職位。申請人如獲聘用，將按公務員聘用條款和服務條件聘用，並成為公務員。

(c) 入職薪酬、聘用條款及服務條件應以發出聘書時的規定為準。

(d) 頂薪點的資料只供參考，該項資料日後或會更改。

(e) 附帶福利包括有薪假期、醫療及牙科診療。在適當情況下，公務員更可獲得房屋資助。

(f) 作為提供平等就業機會的僱主，政府致力消除在就業方面的歧視。所有符合基本入職條件的人士，不論其殘疾、性別、婚姻狀況、懷孕、年齡、家庭崗位、性傾向和種族，均可申請本欄內的職位。

(g) 如果符合訂明入職條件的申請人數目眾多，招聘部門可以訂立篩選準則，甄選條件較佳的申請人，以便進一步處理。在此情況下，只有獲篩選的申請人會獲邀參加筆試。

(h) 政府的政策，是盡可能安排殘疾人士擔任適合的職位。殘疾人士申請職位，如其符合入職條件，毋須再經篩選，便會獲邀參加筆試。

(i) 持有本地以外學府／非香港考試及評核局頒授的學歷人士亦可申請，惟其學歷必須經過評審以確定是否與職位所要求的本地學歷水平相若。有關申請人須於稍後按要求遞交修業成績副本及證書副本。

(j) 在臨近截止申請日期，接受網上申請的伺服器可能因為需要處理大量申請而非常繁忙。申請人應盡早遞交申請，以確保在限期前成功於網上完成申請程序。

投考助理貿易管制主任遴選程序

遴選程序包括以下步驟：

1. 筆試

2.《基本法》測試

3. 遴選面試

以下的流程表顯示海關招聘助理貿易管制主任的遴選程序及步驟：

Day 1（第一關及第二關）

筆試及《基本法》測試

↓

Day 2（第三關）

遴選面試〈Selection Interview〉

↓

品格審查〈Vetting〉

↓

體格檢驗〈Medical Examination〉

↓

作出聘任，成為海關「助理貿易管制主任」，

並且接受為期約 26 星期的入職訓練。

別章：
海關──助理貿易管制主任

備註：

遴選程序中的「筆試」以及《基本法》測試是同一天進行，詳情可以參考以下有關於「助理貿易管制主任筆試及基本法測試的考生須知」。如果能夠成功通過「遴選面試」的考生，同樣必需要通過「品格審查〈Vetting〉」及「體格檢驗〈Medical Examination〉」才可以正式成為「助理貿易管制主任」。並且經過 26 周緊密的訓練課程，其中包括：課程學習，在職實習及個案分析三個階段。

應考 2012 年 8 月 11 日舉行的助理貿易管制主任筆試及基本法測試的考生須知

重要事項：

(1) 考試安排方面如有改動，會於本網頁公布。請於 2012 年 8 月 10 日再次瀏覽本網頁。

(2) 請參考發給個別考生的考試邀請信（下稱「邀請信」）內考試開始及結束時間。

(3) 若考生在 2012 年 8 月 2 日仍未收到邀請信，請與香港海關聘任組聯絡（電話：3759 3837，電郵：customsenquiry@customs.gov.hk。）

(4) 是次考試只在指定日期及時間舉行，並無其他安排。由於每個試場的座位有限，任何更改試場或時間的要求，將不被接納。主考員會拒絕讓其他試場的考生進入試場。考生必須根據邀請信上訂明的時間準時抵達指定的試場應考。

(5) 考試包括兩張分別為助理貿易管制主任招聘筆試（下稱

「筆試」），及《基本法》測試的選擇題試卷。筆試設 40 題選擇題，考生須於 30 分鐘內完成。而基本法測試設 15 題選擇題，考生須於 25 分鐘內完成。兩卷之間並無休息時間。

(6) 如申請人曾參加由其他招聘當局／部門安排或由公務員事務局舉辦的《基本法》測試，可獲豁免參加是次《基本法》測試，並可使用先前的測試結果作為《基本法》測試的成績。申請人如獲邀出席遴選面試，須在面試時出示成績結果的正本，過往在《基本法》測試中所考取的成績才會獲得接納。申請人亦可再次參加《基本法》測試。在這情況下，海關會以申請人在投考目前職位時取得的最近期成績為準。

　　「遴選面試」的邀請信會以郵寄方式發出，如果未獲邀請信，參加「遴選面試」的考生，則可視作經已落選。

　　而海關的網頁亦會登出以下的「消息」。

消息：
招聘海關助理貿易管制主任

　　筆試及基本法知識測試已於二零一二年八月十一日舉行，而遴選面試將於二零一二年十月舉行。有關的邀請信已於二零一二年九月下旬以郵寄方式發出。未獲邀參加遴選面試的考生，則可視作經已落選。

「助理貿易管制主任」
面試熱門問題

在招聘海關「助理貿易管制主任」的遴選面試，過程大約20分鐘左右，面試委員會同樣是由3位考官所組成。

而考核的問題一般與招聘「海關關員」是相類同，同樣地是可以區分為以下5種題型。但最大的分別是在於「助理貿易管制主任」的遴選面試，當中是會以中文及英文雙語進行，並且是以英文為主：

第一種題型：自我介紹

第二種題型：自身問題

第三種題型：海關知識

第四種題型：時事問題

第五種題型：處境問題

第一種題型：自我介紹

這是「助理貿易管制主任」的遴選面試中，考官「必定」會向考生發問的第一條問題。而且考生「必需」用「英文」講出約2分鐘的「自我介紹」。在此建議考生在參與遴選面試之前一定要做好準備，預先寫定講稿及重覆練習。

第二種題型：自身問題

· 你點解想加入海關成為「助理貿易管制主任」呢？（考官會用英文發問，而考生則需要用英文回答）

· 你點解咁有興趣成為海關的「助理貿易管制主任」呢？（考官會用英文發問，而考生則需要用英文回答）

· 「助理貿易管制主任」的薪酬較你現在的工作低，為何你會申請加入海關成為「助理貿易管制主任」呢？

· 你可否講吓你的學歷呢？

· 你可否講吓你現在以及過去的工作呢？

· 從現在以及過去的工作之中，學習到那些事，而且可以應用在「助理貿易管制主任」此職務上呢？

· 你覺得自己有甚麼特質，適合成為海關的「助理貿易管制主任」呢？

· 你認為自己有甚麼條件，可以勝任成為一位海關的「助理貿易管制主任」呢？

· 你有否擔任與「貿易」有關的工作？

· 你對於「貿易」有甚的認識？

別章：
海關──助理貿易管制主任

第三種題型：海關知識

考官會考核你對於香港海關的認識，當中包括：海關的組織架構、部門職系、職能範圍、法例、官員名稱以及最重要之「貿易管制主任職系」的各種知識，從而了解考生是否真的為了投考海關成為「助理貿易管制主任」此職位，而做了最基本的準備工作，例如：

· 貿易管制處之組織架構？
· 貿易管制處之職級？
· 貿易管制主任職系的發展？
· 貿易管制主任職系負責那些貿易管制以及保障消費者權益之事宜？
· 助理貿易管制主任的主要職責？
· 助理貿易管制主任需要訓練多久？
· 香港海關的關長是誰？
· 香港海關的副關長是誰？
· 貿易管制處處長是誰？
· 你對於海關貿易管制處有甚麼的認識？
· 何謂「度量衡」？
· 何謂「產地來源證」？
· 何謂「金錢服務經營者」？

- 何謂「戰略物資、儲備商品」？
- 何謂「產品安全、商品說明及公平貿易」？
- 工業貿易是甚麼的政府部門，負責甚麼的事情？
- 有否看過「海鋒」及「海柏」？

第四種題型：時事問題

在招聘海關「助理貿易管制主任」的遴選面試裡，時事問題亦成為過程中的熱門題目，考官除了想了解考生是否有留意社會時事發展之外，還希望考生能夠勇於表達意見，例如：「施政報告」、「財政預算案」、「限制配方粉離境」等。並且從中展現出具有分析能力、判斷能力、多角度思維。而在表述具有爭議性的時事問題時，應該要引用正、反兩方的論點，最後才加上自己的意見及作出總結。

- 平時有看那些時事新聞呢？
- 最近有那些時事新聞是與海關的貿易管制處有關呢？
- 甚麼是 CEPA？
- 甚麼是《內地與香港關於建立更緊密經貿關係的安排》？

第五種題型：處境問題

・假如你現在是「助理貿易管制主任」，負責打擊回收商呃秤行為，保障消費者權益，你會如何策劃相關之行動呢？

・假如你現在是「助理貿易管制主任」，要你「放蛇」扮顧客買海味，海味店「呃秤」，你會如何策劃相關之行動呢？

・你是否能夠應付「助理貿易管制主任」需要在戶外工作，並且可能須要不定時的工作模式呢？

・你是否能夠應付「助理貿易管制主任」甚至需要輪班當值以及 24 小時隨時候召職務、並且採取拘捕行動及在法庭上作供呢？

・升職並非必然，而是受多項因素影響，例如是否有空缺、運作需要、在職人員的年齡分布，以及個別人員的工作表現等，假如你成為「助理貿易管制主任」之後，直至退休還沒有晉升，你會如何呢？

・由「助理貿易管制主任」晉升至「貿易管制主任」、「高級貿易管制主任」和「總貿易管制主任」職級，需時較長，而近年似乎變得更長，你有甚麼意見？

投考助理貿易管制主任──
Q&A

以下問題是作為助理貿易管制主任必須知道的資料：

Q1：貿易管制處處長是誰？

A1：林寶全 先生

Q2：投考「助理貿易管制主任」，是否需要考「體能測驗」？

A2：招聘「助理貿易管制主任」的遴選程序之中，是沒「體能測驗」，因為這是一個隸屬於「文職架構」的工種。

Q3：如果成功獲聘為「助理貿易管制主任」，是否需要「佩帶槍械」工作？

A3：是不需要，因為「助理貿易管制主任」是隸屬於「文職架構」的工種，是沒有「槍械」的。

Q4：如果成功獲聘為「助理貿易管制主任」，是否需要「穿著制服」工作？

A4：是不需要，因為「助理貿易管制主任」是隸屬於「文職架構」的工種，是沒有「制服」的。

別章：
海關──助理貿易管制主任

Q5：助理貿易管制主任的主要職責包括執行金錢服務經營者的發牌及規管工作，何謂「金錢服務經營者」？

A5：金錢服務經營者，即是指經營「貨幣兌換服務」或「匯款服務的人士或機構」。

Q6：金錢服務經營者，是否需要申請牌照？

A6：於 2012 年 4 月 1 日起，金錢服務經營者需要向關長遞交牌照申請書。印有關牌照的申請書，可以從海關網站 http://www.customs.gov.hk 下載或到海關辦事處索取。填妥後申請書應連同相關文件的複本郵寄、或親身向關長遞交（即金錢服務監理科，地址：香港北角渣華道 222 號海關總部大樓 13 樓）。

Q7：香港法例第 615 章《打擊洗錢及恐怖分子資金籌集（金融機構）條例》於何時開始實施？

A7：於 2012 年 4 月 1 日起，香港法例第 615 章《打擊洗錢及恐怖分子資金籌集（金融機構）條例》正式實施，而「貿易管制處」則負責相關之工作。

Q8：根據消費品安全，何謂「一般安全規定」？

A8：一般安全規定是指消費品必須達致合理的安全程度。在確定有關消費品是否合乎合理的安全程度，便須考慮到下列情況：

- 貨品的用途及售賣的形式；
- 貨品上所採用與該貨品的存放、使用或耗用有關的標記、說明或警告；
- 符合標準檢定機構所公布的合理安全標準；以及
- 是否有合理的方法使該貨品更為安全。

Q9：根據消費品安全，哪類消費品需要附加雙語安全警告？

A9：這要視乎有關消費品是否需要加上警告字句以符合一般安全規定。換言之，如該消費品對消費者有著潛在危險，而加上安全警告後有助該消費品達致合理的安全程度，這樣才需要為該消費品加上安全警告字句。例如，利刀很明顯會容易弄傷使用者，因此毋須加上安全警告，但含有易燃物質的洗甲水便須加上中文和英文安全警告字句，提醒消費者該產品因易燃而可能引致火警。

別章：
海關──助理貿易管制主任

Q10：甚麼是《度量衡條例》？

A10：香港法例第 68 章《度量衡條例》是用來保障消費者在
交易過程中，避免受到不公平對待及出現貨品的重量和度量
不足等情況。

根據該條例，任何人管有、製造、供應或使用偽誤或不完備
的度量衡器具作營商用途，即屬犯罪。該條例亦規定以重量
或度量出售貨物時，必須按淨重量或淨度量出售。

Q11：如何知悉我的「量重器具」是準確的？

A11：有關於「量重器具」是否準確的事宜，可以直接聯絡由
創新科技署署長管理的「香港檢驗所認可計劃」下的認可檢
驗所，以便定期檢查和校正你的「量重器具」。

如有任何查詢，可以致電（852）2829 4830 聯絡「創新
科技署」，或瀏覽「創新科技署」網址：http://www.itc.
gov.hk/ch/quality/hkas/hoklas/about.htm。

**Q12：香港政府是否有限制使用某種「量重器具」作為營商用
途？**

A12：沒有，只要該「量重器具」是使用十進制、英制或中國
制的度量衡單位，即可用作營商用途。

海關大事回顧：
由 2012 年 9 月至 2014 年 3 月 21 日

日期	事件	詳情
1) 2012 年 9 月 19 日	海關參與代號「風沙」的行動，聯同警隊、消防、入境處、食環署、地政總署、共同打擊走水貨活動。	附件（1）
2) 2013 年 1 月	海關於 2013 年 1 月重新調配人手，將「特遣隊」及「財富調查課」合併，成立「有組織罪案調查科」。	附件（2）
3) 2013 年 2 月	撥款 400 萬元成立「科技罪行研究所」。	附件（3）
4) 2013 年 3 月 1 日	《2013 年進出口（一般）（修訂）規例》「即限奶令」於今天正式生效。	附件（4）
5) 2013 年 5 月 3 日	於海關訓練學校舉行「海關督察」及「關員」結業會操，當中包括 31 名「見習督察」及 151 名「見習關員」。結業會操隊伍由律政司司長袁國強資深大律師進行檢閱。	附件（5）

日期	事件	詳情
6) 2013 年 7 月 19 日	《2012 年商品說明（不良營商手法）(修訂)條例》於今天正式生效。	附件 (6)
7) 2014 年 1 月 29 日	海關關長張雲正總結二〇一三年海關工作。	附件 (7)
8) 2014 年 2 月 4 日	海關新設一個為期半年的「副關長（特別職務）」臨時職位。	附件 (8)
9) 2014 年 3 月 18 日	香港海關將增加編制 138 人	附件 (9)
10) 2014 年 3 月 21 日	《2014 年應課稅品（修訂）規例》刊憲，以落實應課稅品電子發牌制度	附件 (10)

附件（1）：

政府過往曾就打擊水貨活動作出執法行動

鑒於近日北區的水貨活動日漸猖獗，對當區市民造成滋擾，政府於 2012 年 9 月 18 日召開了跨部門會議，決定以更全面及更嚴厲地進行執法工作來打擊水貨活動。當局並公布了以下 6 項打擊水貨活動的措施：

(a) 警務處會加強對水貨客在北區一帶引起的阻街、滋擾，以及影響公眾安全的執法，警方亦會協助港鐵在鐵路站範圍內的執法工作；

(b) 香港海關會在羅湖和落馬洲兩個口岸增加人手，確保正常過關人士不會因為水貨客的活動而受到阻礙，並派出便裝人員蒐集情報，把情報交予深圳當局和香港其他執法機構以便跟進；

(c) 入境事務處（下稱 " 入境處 "）人員會全力巡查在北區一帶參與水貨活動的人士，核證他們的身分，如果證實他們是來旅遊的雙程證人士而又參與商業工作，入境處會以違反逗留條件加以檢控，並要求內地的出入境管理局取消他們的來港簽注，即使未能成功檢控，亦不排除他

們再入境時會被拒入境；

(d) 食物環境衞生署會增加人手處理在北區一帶因為水貨活動而引起的環境衞生的滋擾，以及清理被棄置的貨品；

(e) 由於有不少水貨活動已經由早前在鐵路站附近做分貨、散貨，進入上水一帶的工業大廈，地政總署和消防處會加強巡查上水的工業大廈，如發現有違反消防安全和違反地契，會即時採取執法的工作；及

(f) 港鐵會配合政府的打擊措施，嚴格檢查乘客所帶的行李大小有否超出尺寸規定。

政府指出，各有關部門已就打擊水貨活動加強執法，採取聯合行動。香港海關與內地海關自 2012 年 9 月 7 日起已採取聯合行動，加強兩地的情報交流，打擊水貨客走私活動，並協助維持陸路口岸秩序，以保持各個口岸通道暢順。

在 2012 年 9 月 19 日至 2015 年 3 月 4 日期間，入境處聯同警務處在上水、粉嶺、火炭等地區採取了多次名為「風沙」的大規模掃蕩行動，打擊內地旅客涉嫌違反在港逗留條件參與水貨活動。

有關部門在行動中拘捕了 1,970 名涉嫌違反逗留條件的內地旅客及 14 名香港居民，其中 213 人被檢控，餘下的 1,755 人被遣返內地。213 名被檢控人士中，有 203 人被判監禁 4

星期至 3 個月不等，10 人被撤銷控罪。行動中檢獲的貨物主要為食品、日用品及電子產品，當中包括紅酒、海鮮、平板電腦和手提電話等。

資料來源：立法會秘書處 資料研究部 FS09/12-13
http://www.legco.gov.hk/yr12-13/chinese/sec/library/1213fs09-c.pdf

----

附件（2）：

因應有組織犯罪活動日趨隱蔽、複雜及國際化，海關於 2013 年 1 月重新調配人手，將「特遣隊」及「財富調查課」合併，成立「有組織罪案調查科」。

「有組織罪案調查科」主要負責調查三類案件，包括：

（一）牽涉犯罪集團及大量犯罪得益的可公訴罪行；

（二）與內地有關當局及海外執法機關的聯合行動；及

（三）需要深入查核商業交易及文件證據，或需由專家證人（如法證會計師）作供的複雜案件。

「有組織罪案調查科」系結合海關在刑事及財富調查的專長，致力提升偵緝能力，以追尋犯罪集團的指揮鏈並拘捕其主

腦，科系亦會適時引用《有組織及嚴重罪行條例》檢控疑犯，以加重刑罰及充公犯罪得益，加強阻嚇。

「有組織罪案調查科」系由一名高級監督指揮，轄下有『特別調查課』及『財富調查課』，編制下共有 203 名人員。

資料來源：海關 海鋒 第四十九期（二〇一三年七月）
http://www.customs.gov.hk/filemanager/common/pdf/pdf_publications/new/issue49_c.pdf

----

附件（3）：

科技發展一日千里，虛擬世界的非法活動亦日趨頻密。為有效提升調查能力及應對新科技帶來的執法挑戰，香港海關於 2013 年 2 月撥款 400 萬元成立「科技罪行研究所」。

科技罪行研究所特設一個「科研實驗室」及一個「培訓中心」。

「科研實驗室」經特別設計，配備先進的調查工具，並研究網絡技術與服務、電子通訊技術及硬件和儲存裝置。

「培訓中心」則配備互動多媒體視聽系統及電腦器材，為學員提供高水平的培訓課程。

　　「科技罪行研究所」會發表高水平及具前瞻性的研究報告、為調查人員建立調查模式、制定取證程序和指引，以及研發監察網上罪行系統等，並會與其他執法部門、業界及學術機構分享科研成果。

資料來源：海關 海鋒 第五十期（二〇一三年十二月）
http://www.customs.gov.hk/filemanager/common/pdf/pdf_publications/new/issue50_c.pdf

- -

附件（4）：

　　鑑於今年較早時配方粉在零售層面出現嚴重短缺，而這情況與水貨活動有很大的關連，政府於 2013 年 2 月公布新措施規管從香港輸出配方粉。

　　《2013 年進出口（一般）（修訂）規例》於今年 3 月 1 日生效，任何人士除非取得出口許可證或獲得豁免，否則不可輸出配方粉到香港以外的地方。

　　根據《修訂規例》，年滿 16 歲或以上的人士在過去 24 小時首次離開香港時，可攜帶淨重量不超逾 1.8 公斤供未滿 36 個月嬰幼兒食用的配方粉。違例者最高可被監禁兩年和罰款港幣 50 萬元。

　　海關受命在多方面包括執法和宣傳落實新規管措施。在執法方面，部門在各邊境管制站加強檢查貨物、車輛和出境旅客，並強化情報和調查工作，打擊犯罪集團走私配方粉到內地，又在邊境管制站和主要的跨境交通設施，以及透過旅遊業人士和其他海關當局，開展一系列的宣傳工作，提醒旅客注意新措施。

　　為了應付前線人員新增的工作量和滿足人力資源的需要，部門透過調配海關部隊人員和貿易管制主任職系人員，以及以非公務員合約形式聘請退休海關人員為『海關助理』，組成一支超過 200 人的隊伍，派駐各個邊境管制站。

　　海關部隊人員在『海關助理』協助下執行檢查工作，而貿易管制主任職系人員則負責處理案件和檢控事宜。

　　縱使執法工作面對難以預料的挑戰，但部門仍做好準備，完成任務，而前線人員亦堅定不移，提供優質服務。

　　截至 2013 年 6 月 30 日，部門在各個邊境管制站共截獲 1,952 宗違規個案，拘捕 1,972 人並檢獲約 17,289 公斤配方粉。此外，部門亦搗破多個利用跨境旅客走私配方粉的集團。

資料來源：海關 海鋒 第四十九期（二〇一三年七月）
http://www.customs.gov.hk/filemanager/common/pdf/pdf_publications/new/issue49_c.pdf

附件（5）：

海關結業會操

　　香港海關於 2013 年 5 月 3 日在海關訓練學校舉行海關督察及關員結業會操，由律政司司長袁國強資深大律師檢閱會操隊伍，當中包括 31 名見習督察及 151 名見習關員。

　　超過 900 名嘉賓出席是次會操，包括來自各政府部門和私人機構的代表，及結業學員的親友。

　　在結業禮上，袁國強讚揚結業學員在滂沱大雨下進行會操的專業表現，並鼓勵學員應竭盡所能，繼續保持香港海關在打擊走私、堵截毒品及違禁品、保護知識產權及維護消費者權益方面的卓越成績。這些「把關」工作對於維護社會法紀及維持香港作為國際商業城市的美譽，都非常重要。

資料來源：海關 海鋒 第四十九期（二〇一三年七月）
http://www.customs.gov.hk/filemanager/common/pdf/pdf_
publications/new/issue49_c.pdf

2013 年 5 月 3 日（星期五）
香港海關學員結業會操
律政司司長袁國強 資深大律師 致辭全文

張（雲正）關長、各位嘉賓 、各位 結業學員：

大家好！今天 ，我非常高興出席香港海關結業會操典禮，見證 182 位學員完成訓練，即將投入充滿挑戰的前線工作。我先向各位學員致以衷心祝賀！

「護法守關 、專業承擔 」一直是香港海關的莊嚴承諾。作為執法部門，香港海關多年來抱著 專業、務實及與時並進的態度，執行多項工作，包括：打擊走私、堵截毒品及違禁品、保護知識產權，以及維護消費者權益等。這些「把關」工作並不限於香港的邊境口岸，而是涵蓋多個範疇，對於維護 社會法紀，以及維持香港作為國際商業城市的美譽，都非常重要。

香港海關在執法方面，成績斐然。去年，海關偵破兩宗歷來最大的走私氯胺酮和可卡因案件。此外，海關亦破獲了不少冒牌藥物，包括上個月在連串行動中檢獲的八千四百多粒懷疑冒牌藥物。假若這些毒品和冒牌藥物流入市面，後果將不堪設想。香港海關打擊走私的工作，備受國際讚賞。當中，海關多次成功堵截從非洲出口的象牙，表現獲得《瀕危野生動植物種國際貿易公約》秘書長高度讚揚。

事實上，隨著全球化持續，跨境犯案活動愈來愈普遍，要打擊這些罪案，十分講求各地執法部門互相合作。香港海關在這方面亦有不少成功個案。去年一月，香港海關配合美國當局的執法行動，搗破了一個龐大跨境貯存平台侵權集團，並且凍結三億三千多萬元涉案資產。此外，香港海關得到內地協助，今年二月首次根據《證據條例》成功檢控涉及走私超過五十萬噸紅油的五名人士，並凍結二億四千萬元犯罪得益。這些工作對打擊跨境違法活動具重大意義，亦值得香港社會的肯定。

海關的工作充滿挑戰性，最近在打擊走私奶粉以及在極短時間內落實奶粉出口管制方面，海關 同事排除萬難，全力以赴，貢獻良多。上月初，海關在新界北區進行連串反走私行動，打擊偷運嬰兒 奶粉，搗破三個走私集團，並成功截斷相關供應鏈。海關同事的努力值得肯定 ！

香港海關要應付日新月異的犯罪手法，面對人流貨流增長帶來的工作量，並要克服執法時出現的各種複雜情況，「把關」工作極之需要一支質素優良的隊伍。各位結業學員今天步履整齊、英姿卓越、精神煥發，充分表現出紀律部隊的風範。未來數年，港珠澳大橋、廣深港高速鐵路、蓮塘 / 香園圍口岸等大型基建設施將相繼落成，面對這些新挑戰，我寄望各位學員在不同崗位裡，好好運用訓練時學習到的知識和技能，努力求進、精益求精，為香港依法、有效地「把關」。

最後，我再次誠心衷心祝賀今日畢業的各位學員，並祝願大家身體健康、工作順利、生活愉快。

資料來源：律政司
http://www.doj.gov.hk/mobile/chi/public/pr/20130503_pr.html

附件（6）：

2013 年 7 月 19 日 商品說明（修訂）條例 規管不良營商手法

《2012 年商品說明（不良營商手法）（修訂）條例》於 2013 年 7 月 19 日正式生效，涵蓋的範圍由貨品擴展至服務行業及訂明的不良營商手法，六種受規管的不良營商手法包括：

1. 就服務作出虛假商品說明；
2. 誤導性遺漏；
3. 具威嚇性的營業行為；
4. 餌誘式廣告宣傳；
5. 先誘後轉銷售行為；
6. 不當地接受付款。

就修訂條例的實施，海關的策略是預防、教育及執法並重。

預防

在預防方面，作為執法機關，海關和通訊事務管理局早前已制訂執法指引，提供相關資訊和例子供業界參考。

宣傳教育

海關亦與消費者委員會以不同的方式展開宣傳教育，包括：研討會、展覽、電視宣傳短片、宣傳單張、海報及網頁資訊等。

海關人員期間舉辦了 50 多場不同行業的講座和公眾座談會，並派員巡查大型商業展覽。

執法

海關的執法理念旨在防止及遏止違反公平營商條文的營商手法，促進商戶遵從法例及提高社會人士的認知，以及使違例者受到法例的制裁。

由修訂條例生效至 11 月底，海關接獲約 5,000 宗查詢和 1,700 宗投訴。有關貨品的投訴主要涉及食品、電子產品及參茸海味等，而有關服務的投訴則主要涉及旅遊、美容／美髮及飲食等行業。

海關會以風險為本及有效運用資源的原則，訂立調查的優先次序。條例亦設立遵從為本的民事執法機制。

海關除了就投訴展開調查外，亦會以偵查或放蛇的形式，打擊不良營商手法，並曾於 8 月成功偵破參茸海味流動攤檔懷

疑誤導顧客量計單位，涉嫌抵觸誤導性遺漏的不良營商手法條，檢控行動現正進行中。

　　政府致力保障消費者的合理權益，並建立制度讓消費者和企業雙方放心地進行公平的交易，提高香港的商貿形象。作為執法機關，海關在執行條例方面責無旁貸。

資料來源：海關 海鋒 第五十期（二〇一三年十二月）
http://www.customs.gov.hk/filemanager/common/pdf/pdf_publications/new/issue50_c.pdf

附件（7）：

2014年1月29日 海關秉持專業　護法守關　便利商貿

　　香港海關關長張雲正今日（一月二十九日）總結二〇一三年海關工作時表示，過去一年，海關秉承一貫專業幹練、竭誠服務的優良傳統，在護法守關和便利商貿上取得令人滿意的成果。

　　去年海關就應課稅品所徵收的稅款達92億元，較二〇一二年增加6.4%，當中59%來自煙草類貨品（54億元），37%是碳氫油類（34億元），餘下為酒精類產品（4億元）。

在走私方面，張雲正表示，海關去年共偵破 282 宗案件，檢獲物品達 6.52 億元，較二〇一二年分別上升約 40% 及 90%。鑑於內港走私案件持續上升並日趨複雜，海關去年初把財富調查課與特遣隊合併為有組織罪案調查科，並與內地及海外執法機關策劃聯合行動，取得更大成效。

此外，自嬰幼兒配方粉出口管制在去年三月實施以來，各口岸截至十二月共查獲約 4300 宗案件，檢獲超過 33000 公斤配方粉。張雲正指海關會與內地對口單位保持緊密聯系，打擊水貨活動。

在瀕危物種方面，去年在 192 宗案件中檢獲象牙及象牙製品、犀牛角、豹皮、穿山甲及鱗片和乾海馬，特別值得注意的是檢獲象牙數量及貨值分別較二〇一二年大幅上升 43% 及 115%，足證香港在承擔其國際義務上的決心和毅力。

海關去年偵破的緝毒案件共 518 宗，檢獲 445 公斤各類毒品，75% 在香港國際機場檢獲。至於可被用作製毒的受管制化學品案件有 33 宗，較二〇一二年上升兩倍，以偽麻黃鹼為主。張雲正表示，海關將成立一個專責小組，加強對外聯繫及情報交流，加大執法力度。

此外，海關去年共檢獲私煙 8,900 萬支，上升 17%，截獲超過 50 萬支私煙的大型案件相對二〇一二年增加 50%，公眾投訴減少約 40%。張雲正說，海 關專注源頭打擊的策略，使

街頭販賣大幅收斂，大型貯存倉亦逐漸被迷你倉或住宅取代，以減低風險。兩支私煙電購專責隊合共 26 名人員會繼續行動，海關會全方 位打擊私煙。

在保護知識產權方面，海關去年偵破的侵權案件上升 30% 至 720 宗，其中涉及冒牌貨的佔 88%。張雲正表示，互聯網日漸 普及和電子商貿快速發展，網上售賣冒牌貨及經快遞渠道轉寄侵權物品的案件分別大增 1.7 倍和 1.5 倍。海關已與香港郵政加強互動，並正與物流業界商討，從 源頭解決問題。

此外，去年初成立的「科技罪行研究所」正制訂調查及搜證指引，培訓前線調查人員，更在上月開發「網線新一代」系統，供監察涉及網絡貯存空間 （Cyberlockers）案件之用。

至於金錢服務監理方面，海關去年共檢控 11 宗無牌經營金錢服務，拘捕 12 人，發牌制度運作理想。張雲正指海關由上月起對持牌者展開合規巡查，加強監管。

去年汽車首次登記稅達 81 億元，為了保障特區政府這重要的財政來源以支援各項公共服務，海關共檢控了 57 家分銷商，涉及 297 輛汽車，各被告被判罰款數 千至 97 萬元。張雲正說，海關已優化內部資訊系統及數據庫，配合以風險為本的現場審核，監控市場運作，稍後會與運輸署合作展開宣傳活動，並推出流動軟件應 用程式供市民查閱核准汽車零售價。

張雲正說，認可經濟營運商計劃推行 20 個月以來共有 15

家企業獲認證，另有 7 宗申請正在處理中。海關去年與內地和印度海關簽訂了互認安排，短期內會與韓國及新加坡海關簽訂同類安排，並準備開展與其他重要貿易夥伴（如馬來西亞、泰國及新西蘭等）的談判。

至於在保障消費者權益方面，去年海關共接獲 635 宗「呃秤」的投訴，並就 149 宗案件提出檢控；產品安全投訴有 183 宗，其中 28 宗與玩具及兒童產品有 關，9 宗案件隨後作出檢控。就商品說明條例的投訴去年則有 2 360 宗，在二〇一三年七月十九日實施新修訂條例後接獲的佔 85%，貨品與服務投訴的比例為 3：1。

張雲正說，新修訂條例受到廣泛關注，海關會繼續採取預防、教育、執法並重的策略，成立特別調查隊，打擊較複雜的不良銷售手法。

張雲正在總結時說，隨覑職務範圍逐漸擴大及周邊環境不斷變化，海關會積極面對可能出現的情況。作為執法機關，海關會保持敏感度及前瞻性、以靈活手法及技巧來履行職務。

在今日的年結上，海關副關長歐陽可樂表示，為打擊跨境販毒活動，海關將加強執法力度，成立一支專責隊伍，與內地和海外執法機關作出緊密聯繫及迅速的情報 交流，從源頭打擊毒品供應，堵截毒品流入香港或經香港轉運至其他地方，和進一步提升海關於機場和各陸路口岸的緝毒能力。

他說，海關亦 會加強與航空公司、物流和運輸業界的伙伴合作，蒐集運送毒品的資料，以打擊販毒集團利用航空公司及物流渠道販運毒品。海關會致力從不同層面，包括進出口、分銷、製造以至街頭販賣，深入調查販毒活動，並針對性打擊有組織的販毒集團。海關已建立了 個名為「風險分析系統」（COMPASS）的販毒情報資料庫， 並會積極與國際麻醉品管制局適時通報受管制化學品的情報。

在私煙方面，歐陽可樂指海關會繼續透過情報蒐集和分析，並加強與物流和運輸業界的伙伴合作，致力從源頭堵截走私私煙入境的活動，以截斷私煙供應。

就新修訂《商品說明條例》的執法工作，歐陽可樂說，執法工作以情報主導、風險為本原則，優先處理高風險的違例活動和導致消費者蒙受重大損失的行為。

他說，在海關靈活調配執法資源下成立的特別調查隊，會針對一些涉複雜操作模式或有組織的不良營商案件，全面保障消費者的權益。

完

2014年1月29日（星期三）

資料來源：《香港政府新聞網》新聞公報
http://www.info.gov.hk/gia/general/201401/29/
P201401290608.htm

附件（8）：

2014 年 2 月 4 日

在過去數年，海關各範疇的職務、職權不斷地擴展，基於面對大量新增的工作。因此，需要就長遠運作以及發展進行全面策略性研究，海關於是根據《公共財政條例》，透過內部調配資源，於 2014 年 2 月 4 日開設「副關長（特別職務）」的非常設臨時職位。

海關新設的「副關長（特別職務）」臨時職位為期半年，由原來的副關長歐陽可樂平調出任，而其本身的「副關長」職位，則由助理關長（邊境及港口）俞官興擢升署任，是海關有史以來第一次出現「雙副關長」的職位。

而「副關長（特別職務）」臨時職位主要是為了研究海關面對未來挑戰的策略方針。而副關長歐陽可樂會於半年後退休，此項「特別職務」亦會於其退休前完成相關工作，「副關長（特別職務）」的職位將於他退休之時同時取消。

現時海關副關長（特別職務）之組織架構如下：

海關副關長（特別職務）〈Deputy Commissioner of Customs & Excise (Special Duties)〉
· 服務質素及管理審核科（Office of Service Quality and Management Audit）
· 服務質素及管理審核第一組（Service Quality and Management Audit Unit 1）
· 服務質素及管理審核第二組（Service Quality and Management Audit Unit 2）
· 服務質素及管理審核第三組（Service Quality and Management Audit Unit 3）
· 統計組（Statistics Unit）

附件 (9)：

公務員事務局局長鄧國威表示，根據已經發佈的 2014-2015 年度的財政預算案，政府絕大多數部門的編制均有所增加。而隨著近年來訪港旅客的持續增加，香港各個口岸的工作量也隨著上升，增聘人手一直是有關部門的訴求，根據計劃，新一年度香港海關也將增加編制 138 人。

附件 (10)：

《2014 年應課稅品（修訂）規例》刊憲

《2014 年應課稅品（修訂）規例》（規例）今日（三月二十一日）刊憲，以落實應課稅品電子發牌制度。

規例要求進口、出口及製造應課稅品或營運作為貯存應課稅品保稅倉的貿易商，須透過電子發牌系統向香港海關領取《應課稅品條例》下的相關牌照。

政府發言人說：「在電子發牌制度下，應課稅品貿易商將透過電子方式提交牌照申請，可節省他們現時花於以紙張方式申請的時間和人手資源。」

　　「電子發牌系統亦可縮減處理牌照申請所需的時間，以及為貿易商帶來全新和方便的服務，例如貿易商會收到辦理牌照續期申請的自動提示及繳交牌費的電子通知。」

　　規例將於三月二十六日提交立法會進行先訂立後審議的程序。待相關電腦系統準備就緒，規例將於二〇一七年年初的指明日期起正式生效。

　　政府屆時會另行公布正式實施日期。為了讓貿易商可適應電子發牌系統的運作，規例容許貿易商在系統實施後有六個月的過渡期，在這六個月內，貿易商可透過紙張或電子方式提交牌照申請。

　　完

　　２０１４年３月２１日（星期五）
　　香港時間１１時０３分

資料來源：《香港政府新聞網》新聞公報
http://www.info.gov.hk/gia/general/201403/21/
P201403210353.htm

看得喜 放不低

創出喜閱新思維

書名	投考海關全攻略 修訂版
ISBN	978-988-78090-5-0
定價	HK$98
出版日期	2017 年 6 月
作者	Mark Sir
責任編輯	投考紀律部隊系列編輯部
版面設計	samwong
內文相片	SimPro Studio（部份）
出版	文化會社有限公司
電郵	editor@culturecross.com
發行	香港聯合書刊物流有限公司
	地址：香港新界大埔汀麗路 36 號中華商務印刷大廈 3 樓
	電話：（852）2150 2100
	傳真：（852）2407 3062